AGRICULTURE POPULAIRE

DU

PÈRE JOSEPH,

PAR

JOSEPH HÉRISSÉ,

DE LA REVÉTISON,

AVOCAT, CULTIVATEUR, MEMBRE FONDATEUR DE LA SOCIÉTÉ D
DROIT PUBLIC DE PARIS, PROCUREUR DU ROI, MEMBRE DU
CONSEIL GÉNÉRAL DES DEUX-SÈVRES, VICE-PRÉSIDENT
DE LA SOCIÉTÉ D'AGRICULTURE DE NIORT, PRÉSIDENT
DU COMICE AGRICOLE DE BEAUVOIR ET MAIRE ;

Recuillie et mise en ordre par M. HÉRISSÉ (Joseph-Emile) Avocat ;

Précédée d'une Notice biographique de l'Auteur, par M. AYRAULT, Vétérinaire,

Et d'une Lettre autographe de Me JACQUES BUJAULT, Laboureur.

SE TROUVE :

A NIORT, CHEZ Mme CLOUZOT, LIBRAIRE.

NIORT, IMPRIMERIE L. GILLET.

1854.

L'Édition que je publie aujourd'hui des Œuvres Agricoles de mon Père est surtout destinée aux habitans des campagnes pour lesquels on n'a presque jamais écrit. Je crois que ces petites histoires attachantes et instructives seront lues avec plaisir et avec fruit, et tout en donnant d'excellens conseils agricoles, elles ne peuvent qu'améliorer la moralité des lecteurs. Il ne m'appartient point du reste d'apprécier cet Ouvrage ; j'en laisse le soin à Me Jacques Bujault, dont on va lire la lettre adressée à mon Père.

Châtoire, le 29 mars 1841.

À Monsieur

Hériffé, membre du conseil général

Monsieur et ami,

Je reçois à l'instant le No. 3, 25 mars 1841, du journal d'agriculture, contenant votre écrit.

Je me hâte de vous dire que j'en suis enchanté. C'est la seule œuvre écrite dans le pays, — et pour le pays, qu'ait publiée ce journal depuis qu'il existe.

Il y a du dramatique ; — les petites histoires intéressent tout le monde — elles engagent à lire.

Le style est simple et clair ; — la pensée est nette et juste, — l'enseignement entraîne et porte avec lui la conviction.

Le tout est actuel et ~~prati~~ pratique.

Mais à quoi bon écrire dans ce journal ? pour qui cela ? pour des Messieurs qui n'en ont pas besoin.

Vous avez écrit pour le fermier, et le fermier ne vous lira pas. — C'est ce qui me désole

Vous êtes capable de faire des almanachs comme je les conçois. — c'est pour moi maintenant presque chose impossible que de les continuer. — je vous les ligue. — Néanmoins j'ai commencé celui de 1842; je l'achèverai; parqu'il est fait dans ma tête.

je vous ai écrit une lettre de 4 pages, il y a longtems. la goutte m'a pris, elle a duré 3 mois, et ma lettre est encore là, ainsi que votre écrit. je vous les enverrai l'une et l'autre.

Si on publie votre ouvrage, comme je l'espère, vous me permettrez de rectifier quelques faits. (par exemple les 500 chevaux que contient la petite ville de chasteautoune) on a dit 50 et l'imprimeur a mis 500.

il y a quelques autres petites rectifications peu importantes; mais qui sont pourtant nécessaires.

Enfin je me hâte de vous faire mon compliment avec la sincérité d'un vieux laboureur qui a quelques connaissances en cette matière.

Votre Dévoué.

jacques Bujault

laboureur.

Né à Aulnay arrondissement de Saint-Jean-d'Angély, en 1797, Joseph Hérissé, après de laborieuses études, recevait à vingt ans son diplôme d'avocat à la faculté de droit de Paris. En 1817, voyant les droits du citoyen méconnus, il fondait, pour les revendiquer et les défendre avec MM. Boudousquié, Barthe, Berville et autres devenus célèbres, la société du droit public. Enfant du peuple, il combattit les privilèges avec toute l'énergie de sa conviction profonde.

Rendu à sa terre natale, il voulut contribuer pour sa part d'intelligence et de sacrifices, à propager les principes sur lesquels repose l'égalité des citoyens.

Il fonda en 1827 avec d'autres collaborateurs, la *Sentinelle des Deux-Sèvres*, journal indépendant, qui s'attira plus d'une fois les rigueurs du parquet, parce qu'il préparait en l'annonçant aux populations, l'avènement d'un régime nouveau, qui ne se fit pas longtemps attendre.

1830 arriva et le trouva prêt à concourir à l'affermissement de l'édifice auquel il avait si activement travaillé. Il fut nommé par l'influence de l'honorable Dupont de l'Eure, procureur du roi, d'abord à Loudun, et ensuite à Civray, qui conserve encore de ses qualités, comme citoyen et comme magistrat, un honorable souvenir. Je suis heureux, moi, son ancien compatriote de Civray, de pouvoir rendre aujourd'hui à sa mémoire ce faible tribut d'hommages, d'une cité qu'il n'habitât que le temps nécessaire, pour emporter ses regrets et y laisser un bon souvenir. Il abandonna bientôt ses fonctions de magistrat, quand il vit le gouvernement dévier du sentier où il s'était d'abord engagé ; et, plutôt que de servir une politique qui n'avait plus ses sympathies, il donna sa démission.

De retour à la Revétison, il publia en 1837, un livre sur les droits et devoirs du citoyen, où il semblait prévoir les événemens politiques qui, dix ans plus tard, sont venus donner raison à ses idées. Il préparait par les doctrines qui y sont exposées, chaque citoyen à jouir pacifiquement et librement de ses droits, sans jamais oublier ses devoirs envers les droits de tous, ce qui constitue l'égalité et la liberté pures. Aussi, disait-il à cette époque aux gouvernans : « Ne résistez pas à « l'opinion, marchez avec elle, et elle vous protégera ! « Quoique vous fassiez, le peuple obtiendra la réforme « des abus et les améliorations qu'il désire depuis si « longtemps ; il est plus éloigné de la vieille monarchie « que de la liberté, rien ne peut l'empêcher d'y par- « venir. L'auteur, disait-il, est un patriote, mais il « n'est point un anarchiste ; il désire des réformes, « mais il craint la guerre civile. En instruisant le peu- « ple, il a voulu payer sa dette à son pays. »

Il a traité, dans son excellent livre, de la liberté en général en rapport avec les devoirs sociaux, de l'obéissance aux lois, de la propriété, etc., toutes questions qui prouvent que Joseph Hérissé était depuis longtemps préparé aux événemens qui se sont accomplis dix jours après sa mort.

En 1842, il se livra entièrement à l'agriculture, et, dans cette noble entreprise, il vint prendre la place, si difficile à remplir dans nos Almanachs de Jacques Bujault. Travaillant pour les habitans des campagnes, il s'adressait comme son digne maître, à leurs intérêts, à leur goût, et à leurs habitudes. Par son style clair, concis, et par sa dialectique persuasive, il avait su se faire lire et se faire comprendre. C'est à tel point que le nom du Père Joseph était destiné à la même popularité que celui de MAITRE JACQUES. Sous la forme d'anecdotes dialoguées, il infusait dans l'esprit du Paysan les vérités agronomiques. Il n'avait point oublié la vie de son prédecesseur ; aussi, il débuta par la glorifier dans ses petits livres : *Le Soldat Laboureur*, *le Père Joseph*, *Saint-Aubin-en-Gâtine*, *la Vie de Me Jacques Bujault*, *le Cultivateur en Algérie*, *une Ferme Modèle en Tourraine*, *le Château de Saint-Selves* apprenaient aux Cultivateurs le moyen d'utiliser et de faire profiter à leur instruction professionnelle les longues soirées d'hiver.

Il prit, dans les dernières années de sa vie, une part active à la discussion du droit national des échanges. Il a été membre du Conseil général des Deux-Sèvres, Vice-Président de la Société d'agriculture de Niort, Président du Comice agricole de Beauvoir, et Maire de la Revétison.

Il avait donné à cette Société une impulsion remarquable et attiré autour de lui un grand nombre d'Agriculteurs praticiens qui profitent aujourd'hui de ses leçons, et qui le 15 février 1848 l'ont conduit à sa dernière demeure en versant des larmes de regrets bien sincères, sur la tombe de l'homme de bien qui était enlevé trop tôt à leur affection.

Eug. AYRAULT.

Cette Notice Biographique avait été écrite, en 1848, pour prendre place dans le compte-rendu des travaux de la Société d'Agriculture ; il n'y eut pas cette année-là de séance générale. C'est pourquoi je saisis avec joie l'occasion de réparer cet oubli involontaire, en la livrant à la publicité. L'amitié dont m'honorait Joseph Hérissé, l'estime que j'avais pour sa veuve, et mon intimité avec le fils en faisaient pour moi un devoir agréable à remplir.

AGRICULTURE POPULAIRE
DU PÈRE JOSEPH.

LE PÈRE JOSEPH,
OU LE SOLDAT LABOUREUR.

I.

LA MAISON BLANCHE.

En suivant les bords de la Sèvre, de la Mothe à Saint-Maixent, on voit à sa droite, sur un coteau assez élevé, une petite maison qui paraît avoir été bâtie depuis une vingtaine d'années. Elle est d'une blancheur éclatante, et ses contrevens verts lui donnent un air de propreté qui réjouit le voyageur. — Cette maisonnette est entourée de noyers et d'arbres fruitiers dont la verdure fait encore ressortir la blancheur. Elle a devant elle la prairie qui s'étend assez loin et lui présente de longues files de peupliers : le coteau opposé étale aussi devant elle un tapis de feuillage parsemé de quelques habitations.

Passant dans ce lieu au printemps dernier, je m'arrêtai quelque temps à considérer cette maison et ses alentours. Un vieillard, qui était près de moi, gardait dans un pâtis plusieurs jumens avec leurs élèves ; je lui demandai à qui appartenait cette maison. Elle appartient, me dit-il, à un vieux soldat connu dans le pays, sous le nom de Père Joseph.

Comme le bonhomme paraissait disposé à causer, je m'assis à côté de lui sur l'herbe, et il parla ainsi :

II.

HISTOIRE DU PÈRE JOSEPH.

Il y avait autrefois près d'ici, une famile de braves gens qui cultivaient la même métairie depuis je ne sais combien d'années; les anciens du pays avaient entendu dire à leurs grands-pères, qu'on les avait toujours vus dans la même ferme. Quand la révolution arriva, il y avait dans cette métairie trois jeunes gens, qui, avec Louis Bordier, leur père, passaient pour être les plus forts compagnons et les meilleurs cultivateurs de toute la contrée. Le père avait 42 ans, l'aîné de ses enfans, qui se nommait Joseph, en avait 20, le second 18, et le troisième 16. Ces gens-là fesaient bien leurs affaires; ils avaient acheté du bien, et ils ne manquaient pas d'argent, leur bétail était toujours cité dans toutes les foires comme le plus beau. Mais voilà qu'on fait une levée de jeunes gens, l'aîné des Bordier partit, et les deux autres ne furent pas bien longtemps à le suivre. Leur malheureux père fut forcé d'abandonner sa ferme, et de se retirer dans la maison que vous voyez devant vous, mais qui n'était dans ce temps-là qu'une mâsure. Pendant toutes nos guerres, il a vécu comme il a pu, envoyant à ses enfans tout ce qu'il pouvait prendre sur son nécessaire.

Deux de ses fils moururent, l'un en Russie, l'autre en Espagne, il avait aussi perdu sa femme, et il restait seul, forcé de prendre une servante pour avoir soin de sa vieillesse.

En 1816, à peu près dans cette saison, il était à labourer près d'ici, car malgré son malheur, il a toujours travaillé; il vit arriver un grand homme qui avait une longue barbe qui lui descendait à la ceinture; il en eût presque peur, mais il se rassura bientôt, lorsque l'inconnu lui demanda s'il ne se nommait pas Louis

Bordier : — oui, Monsieur, dit-il, je me nomme ainsi, qu'y a-t-il pour votre service? Eh bien, je suis votre fils, s'écria Joseph, car c'était lui-même qui revenait de la Sibérie. Il n'eût pas de peine à se faire reconnaître; il connaissait tous ses voisins et toutes les pièces de terre des environs. Ses cousins, qui se comptaient héritiers de son père, voulaient bien dire que ce n'était pas lui; mais quand il eût coupé sa longue barbe et qu'il eût repris l'angreline, il fut reconnu par tout le monde et par eux aussi.

Maintenant, c'est un de nos meilleurs cultivateurs, et l'homme le plus aimé de la contrée, il a perdu son père qui a eu le bonheur de le voir marier, et de voir grandir sa petite-fille, l'une des plus belles paysannes de tout le canton; on dit même qu'elle va bientôt se marier avec le fils d'un fermier du voisinage.

III.

PREMIÈRE VISITE A LA MAISON BLANCHE.

Le vieillard venait de finir de parler, lorsque nous vîmes sortir d'un champ voisin, un cultivateur qui conduisait deux belles mules grises. Le voilà, me dit-il, et en effet, nous vîmes s'avancer vers nous un laboureur dont la démarche était encore toute militaire, malgré les habitudes paisibles de la campagne et son âge avancé. Je le saluai comme étant un nouveau voisin qui désirait faire sa connaissance, il m'engagea à aller me reposer chez lui, ce que j'acceptai volontiers.

Le récit du vieux berger m'avait vivement intéresé; mais l'aspect de la maison du père Joseph, sa famille, sa conversation, ses habitudes, m'intéressèrent bien davantage, et m'engagèrent à obtenir son amitié. Ce n'était pas une chose bien facile. Il a tant voyagé, il a tant vu d'hommes méchans et corrompus; il a vu son empereur trahi par tant de gens, qu'il avait comblés de biens, qu'il croit difficilement à la franchise et à la vertu. Enfin, j'ai su gagner son estime par les services que nous nous sommes rendus mutuellement, je l'écoute toujours avec plaisir, lorsqu'il me raconte ses campagnes, parce qu'il le fait avec simplicité et en peu de mots, ce qui est bien rare dans un vieux soldat. Nous aimons beaucoup l'agriculture l'un et l'autre, et lorsque nous sommes ensemble, c'est presque toujours le sujet de nos entretiens.

La maison du père Joseph est très simple, deux chambres, une laiterie, voilà tout ce qui la compose. Mais les étables et la grange sont vastes et surtout dans le meilleur état possible. Là, toutes choses sont à leur place, comme dans une caserne. Ici le foin, là, les harnais, et plus loin les instrumens de labourage. Que pensez-vous de cela, me dit-il? C'est très bien, lui répondis-je. « Ah! ajouta-t-il, j'aime l'ordre avant « tout; si, lorsqu'on a besoin d'un harnais ou d'un « outil, il faut le chercher partout, et qu'ensuite on « le trouve hors d'état de servir, voilà bientôt une « demi-journée de passée. »

Ses mules de travail étaient superbes, ses jetonnes semblaient avoir deux ans, ses jumens, son troupeau de brebis et ses vaches firent aussi mon admiration.

J'étais étonné de voir autant de bétail sur une propriété qui ne me paraissait pas très grande, et j'en fis l'observation: « Je conçois votre étonnement, me dit- « il, mais j'ai quelques prés dans la prairie, je les soi- « gne bien, et toutes mes terres qui ne donnent pas de « blé, me donnent du fourrage ou des racines pour « mon bétail, voilà tout le mystère. »

Nous allâmes visiter ses prés au milieu de la plaine, et je ne pense pas que les prés naturels puissent donner plus de foin et surtout de meilleur.

J'étais enchanté et je félicitai mon hôte. En retournant à la maison, je vis sur le seuil de la porte, une jeune paysanne très bien vêtue, mais à la mode du pays. Un large *ramponneau* orné de tulle encadrait un des plus jolis visages de 18 ans, que j'aie jamais vus. Je pensai que c'était la fille de la maison; son père me la présenta, et elle me fit une révérence très grâcieuse. Ici point d'affectation, point de contrainte; mais tout respirait en elle l'innocence et la bonté. Ah! Joséphine, que vous étiez belle et imposante à mes yeux! Que n'avez-vous pu être vue à cet instant par nos grandes dames de la ville! Elles auraient dit, peut-être, que vous étiez trop simple; votre démarche leur aurait paru campagnarde; mais ce sont les hommes qu'il faut consulter sur le mérite des femmes, et tous ceux qui vous voient vous trouvent charmante.

Je félicitai le père Joseph de ce qu'il avait une si jolie fille; et, pensant que ma première visite avait été assez longue, je pris congé de lui, en lui demandant la permission de revenir.

En m'en allant je repassai dans mon esprit tout ce que je venais de voir. Voilà, me disais-je, ce que peuvent faire le travail et l'économie: comme tout, dans cette maison, annonce l'aisance et le bonheur! Ces gens travaillent sans doute, mais leurs peines sont modérées dans leurs travaux, ils emploient le secours des animaux autant qu'ils le peuvent, et ils ont bien des momens de repos et de plaisir. En disant cela, j'étais arrivé sur l'autre bord de la Sèvre, et je me retournai pour considérer encore une fois l'agréable vue de la Maison-Blanche.

IV.

RÉUNIONS D'HIVER.

Presque tous les soirs, en hiver, le père Joseph a chez lui une assez nombreuse compagnie. Il y vient des amies de Joséphine ; elles sont accompagnées de leurs frères, de leurs cousins, et quelquefois de leurs galans. Il y vient aussi des cultivateurs pour causer avec le vieux grenadier, pour recevoir ses conseils et pour écouter le recit de ses campagnes. On y remarque surtout Louis Bertrand, le fils d'un fermier du voisinage. Il écoute le père Joseph avec une grande attention, et met tous ses soins à lui plaire. Mais le pauvre jeune homme se trouve souvent dans un assez grand embarras, il voudrait regarder le vieux soldat lorsqu'il parle, et cependant il ne voudrait pas détourner ses regards presque toujours fixés sur Joséphine.

Pourquoi Louis Bertrand vient-il si souvent à la Maison-Blanche? Si vous faites cette question à Joséphine, elle rougira, et ne saura comment vous répondre.

Je suis allé très souvent à ces soirées, et je ne m'y suis jamais ennuyé. Les récits du père Joseph, sa gaîté et celle des personnes qui l'entouraient, leurs travaux, tout cela m'intéressait vivement.

« Vous êtes étonné me dit-il, un soir, que je con-
« naisse la culture de la terre presque aussi bien que
« tous ces messieurs des Comices agricoles ; mais je
« vous prie de remarquer que je suis né cultivateur.
« Lorsque j'étais soldat, je me suis toujours occupé
« d'agriculture. Dans tous les pays où je passais, j'exa-
« minais la manière de cultiver, et j'en raisonnais avec
« les cultivateurs de la contrée.

« En Sibérie, on me mit chez un bon curé fort ins-
« truit, et qui faisait très bien cultiver ses terres. Il
« donnait des leçons d'agriculture ; et comme il parlait
« français, nous causions souvent ensemble.

« Depuis mon retour ici, j'ai fait l'essai de ses le-
« çons, et j'ai presque toujours réussi. D'ailleurs je
« me suis formé par moi-même, et ce n'est pas la plus
« mauvaise manière d'apprendre quelque chose. »

On verra bientôt que le père Joseph ne cultive pas la terre comme beaucoup de nos laboureurs que maître Jacques Bujault nomme si justement routiniers. Ecoutons-le parler.

V.

AGRICULTURE.

DES DIFFÉRENS TERRAINS ET DE LEURS AMENDEMENS.

Mes enfans, le métier le plus utile et souvent le moins estimé est celui de cultivateur; pourquoi cela? c'est que beaucoup de laboureurs sont ignorans et malheureux. Mais cela changera, et cela a déjà bien changé; grâce à la révolution, un grand nombre de cultivateurs labourent pour eux-mêmes, il y a beaucoup de fermiers à l'aise; et l'on trouve au milieu des champs des hommes très instruits, qui se font honneur de s'occuper de l'art agricole.

Je vais vous expliquer ce que je sais sur l'agriculture.

D'abord, un cultivateur doit connaître le terrain sur lequel il veut travailler, il doit savoir s'il y a beaucoup d'argile, de terre blanche ou calcaire, de sable, et enfin de terreau ou terre végétale.

Tout terrain contient de ces quatre sortes de terre; mais il y en a presque toujours une qui domine, et le sol prend le nom de cette terre. Ainsi, l'on dit que la terre de la Gâtine est presque partout argileuse ou forte, parce qu'elle contient une grande quantité d'argile. Il en est de même de la plupart des terres des environs de Melle et de Niort. Vers la Saintonge, la terre est sableuse ou graveleuse, on la nomme groie dans le pays.

Pour avoir un bon terrain il faut qu'il y ait environ une moitié d'argile, un quart de sable, un demi-quart de terre blanche ou calcaire et un autre demi-quart de terreau ou terre végétale.

Si votre terrain manque d'argile il ne vaut rien parce qu'il est brûlant : le fumier de bœuf lui convient, pour lui procurer de la fraîcheur. Si vous y mêliez de l'argile pure, cela le rendrait meilleur.

Il en est de même s'il manque de terre blanche ou calcaire. Il faut qu'il en ait un peu, parce que la paille du blé et le blé même se forment en assez grande partie avec ce qu'ils retirent de cette terre. Le sable rend la terre facile à cultiver en la divisant. Le sable de mer ou sablon convient surtout beaucoup ; enfin le terreau, terre végétale (que les savans nomment humus), donne aux blés, aux herbes et à tout ce qui végète ou pousse, la plus grande partie de leur nourriture ; c'est pourquoi le fumier est presque dans tous les pays ce qui met le mieux la terre en état de donner de bonnes récoltes. Les herbes, les brandes et les genêts pourris ou brûlis conviennent aussi beaucoup. Dans la Gâtine on préfère les brûlis, et on a raison, parce que la terre a surtout besoin d'être réchauffée et divisée, et que les cendres contiennent des sels qui nourrissent bien les blés.

Si le plâtre cuit est si bon, c'est par la même raison. Lorsqu'il est cru il ne vaut pas grand chose.

Les gens du marais ne fument point, et ils n'en ont pas besoin dans un terrain qui n'est composé que d'herbes et de roseaux pourris. Ces sols ont trop de terre végétale ; il leur manque de l'argile, du sable, et il faudrait surtout moins d'eau. Avec des fossés on les rend ordinairement meilleurs.

En Saintonge, la terre est brûlante parce qu'elle manque aussi d'argile ; qu'elle contient beaucoup de graviers et qu'elle a souvent un sous-sol ou tuf debout qui laisse facilement écouler l'eau. C'est pourquoi on y voit beaucoup de vignes qui demandent de la chaleur.

Dans nos environs de Saint-Maixent, où la terre est argileuse et fraîche, la vigne ne convient pas; mais le froment, la baillarge, le trèfle, la luzerne nous en dédommagent bien.

Quand un terrain est argileux, il faut du fumier réchauffant; aussi les mules nous conviennent très bien, ainsi qu'aux environs de Melle et de Niort. En Gâtine elles conviendraient aussi beaucoup mieux que les bœufs. Cependant on y remplace l'engrais que donnent ces animaux par les brûlis qui sont excellens, et l'on perfectionnera aussi l'agriculture, surtout si l'on parvient à y découvrir de la marne; et il doit y en avoir, puisqu'on assure qu'il y en a partout où il y a des brandes.

Une chose qu'on ne fait pas assez, c'est de transporter des terres d'un lieu dans un autre, de manière à avoir sur le sol qu'on veut améliorer la quantité nécessaire de chaque sorte de terre. Il y a de l'argile, du sable, de la terre blanche et même du terreau dans tous les pays; il ne s'agit que de les transporter sur les lieux où il en manque. Mais il n'y a que le propriétaire qui puisse l'entreprendre, à moins que son fermier ne s'en charge moyennant une indemnité, et ils s'en trouveraient bien l'un et l'autre.

VI.

DU LABOURAGE ET DE L'ENSEMENCEMENT DES TERRES.

S'il est utile de donner à un terrain les parties de terre et les engrais qui lui conviennent, il ne l'est pas moins de bien le labourer.

Les labours donnés en temps convenable détruisent les herbes, et mettent la terre en état de recevoir la chaleur et l'humidité qui la rendent fertile. Il y a des cultivateurs qui se fient toujours sur la quantité de fumier qu'ils mettent dans leurs champs; ils pensent qu'ils peuvent les lever à la Saint-Jean et les repasser à la Saint-Michel ; et souvent pas du tout. Il en résulte que les mauvaises graines se conservent dans la terre, naissent dans les blés et finissent par les étouffer. Mais si vous levez vos guérets aussitôt après que vous avez fait vos baillarges, les premières pluies du printemps font naître les graines, et il s'en conserve encore quelques-unes, elles germent presque toutes, surtout si vous repassez votre terre lorsqu'elle a été trempée par une pluie d'été.

Je suppose là que vous avez laissé chaumer vos terres. Mais il vaudrait bien mieux qu'elles fussent toujours occupées, comme je fais pour les miennes. Vous pouvez le voir, j'ai un quart de mes terres en trèfle, sainfoin et luzerne ; un autre quart en garobe, trèfle incarnat, pommes de terre, betteraves et légumes ; le troisième quart en froment, et enfin le dernier quart en avoine et en baillarge. Lorsque je lève une luzerne, un sainfoin ou un trèfle, j'y mets du froment, et je remets en prairie artificielle la même quantité de terre.

Il y a des personnes qui ne font jamais deux blés de suite, et je crois qu'elles font mieux que moi ; mais cela exige beaucoup de monde pour sarcler les betteraves, les pommes de terre et les autres légumes qui viennent toujours après une année de blé.

Dans les pays où le sainfoin vient bien on en met à la place de la luzerne et du trèfle, qui souvent ne viennent pas sur le même sol. Mais de quelque manière qu'on fasse il faut toujours avoir le plus de fourrage qu'il est possible, et le faire entièrement consommer par son bétail ; car si l'on vendait son foin ce serait se priver de son engrais et l'on ruinerait sa terre. Maître Jacques Bujault l'a souvent répété dans son almanach, et il a eu dix fois raison.

On me dira que peu de personnes ont assez de bétail et d'avance pour cultiver ainsi : je le sais ; mais voilà le but qu'on doit tâcher d'atteindre, et l'on y arrivera lorsque les propriétaires s'occuperont de la culture de leurs terres, et lorsqu'ils y emploieront une partie de l'argent qu'ils dépensent inutilement ailleurs. Alors les cultivateurs auront plus de bétail; ils feront plus de prairies artificielles, plus de plantes sarclées, et les journaliers ne manqueront pas d'occupations. Voyez le monde qu'occupent autour d'eux Me Charles, de Breloux, Me Jacques Bujault, M. Binet-Ducrocq, M. Mangou, M. de Tusseau, M. Chauvin-Boissette, M. Faribaud, de Coulon, M. Tristant de Boisbretier, M. de la Rochebrochard, M. de la Roulière, M. Lary, M. Bourgleau, Mme de Massignac, M. d'Assailly, M. le général Aimé, M. Bordier et bien d'autres, et moi-même qui ne peux pas faire la même dépense que ces messieurs. Je pourrais aussi citer plusieurs autres cultivateurs. Il ne faut pas beaucoup de terre pour faire de bonnes récoltes, si l'on a beaucoup de bétail, et si l'on fait les travaux nécessaires.

VII.

DES CHARRUES ET DES AUTRES INSTRUMENS D'AGRICULTURE.

Ce n'est pas le tout de labourer en temps convenable, il faut bien remuer la terre, et pour cela il faut avoir une bonne charrue. Je me sers depuis quelque temps de la charrue André-Jean, et je m'en trouve très bien ; elle a un fer qui coupe tout ce qu'elle rencontre, et, lorsqu'elle est bien dirigée, elle ne laisse rien qui ne soit changé de place. On peut aussi avoir d'assez bonnes charrues en bois, et M. de la Rochebrochard, d'Orioux, en a inventé une qui est très bonne. Mais de quelque manière que soit une charrue il faut toujours qu'elle ait un fer qui coupe bien, et que l'oreille renverse bien la terre, pour que les herbes s'y trouvent renfermées et s'y consomment.

Dans mes voyages, j'ai vu labourer de bien des manières, à plat, à sillons et à planches. Ici, l'on fait des sillons de trois pieds de large, mais il y en a qui les font depuis un jusqu'à huit pieds ; ils prennent, quand ils sont d'une certaine largeur, le nom de planches.

Il y a des personnes qui labourent toujours dans le même sens, et d'autres qui traversent toujours, et elles ont raison.

Quant à moi, je pense que dans un terrain léger et qui ne tient pas trop l'eau, il faut labourer à plat ou à grandes planches. Au contraire, dans une terre humide, il faut cultiver à sillons ou à petites planches pour faire écouler l'eau, et surtout ne pas négliger d'entretenir les fossés. Une herse à dents de fer est fort utile pour casser les mottes et pour déplacer les herbes qui ne se trouvent pas bien recouvertes. Une façon de herse donnée aussitôt le labour et par un temps sec vaut une demi-façon de charrue. Passée sur les blés au printemps la herse fait beaucoup de bien.

Il y en a qui ont un rouleau pour passer sur les terrains ensemencés à plat; et ils s'en trouvent bien surtout dans des terres très légères, où les gelées soulèvent le sol et attaquent les racines du blé. Ces terres ne peuvent pas être trop tassées, raffermies, pour que les gelés les pénètrent moins.

Il y a bien d'autres instrumens de labourage, et vous pourrez en voir à la préfecture de Niort une collection, dont quelques-uns ne peuvent être employés avec avantage dans notre pays. Cependant on doit louer ceux qui les ont inventés, à cause de leurs bonnes intentions, et parce que leurs travaux ont conduit à des améliorations réelles.

On voit des gens, mes enfans, qui se moquent de tout ce qui est nouveau; mais moi je ne blâme que ceux qui ne savent point se rendre utiles. J'aime beaucoup les inventions, et, si j'étais riche, je voudrais toutes les encourager et me les procurer. Si l'on n'avait jamais fait que ce que l'on faisait autrefois, nous n'aurions pas de trèfle, de luzerne, de sainfoin et de pommes de terre. Les mules même, qui nous font de bons louis d'or, on n'en a pas toujours eu.

Il faut perfectionner tant que nous pourrons, mes enfans. Marchons toujours en avant, c'était ainsi que l'Empereur nous menait à la victoire : la trahison seule nous a forcé de marcher en arrière. Les routiniers eux aussi trahissent leur pays et leurs propres intérêts.

VIII.

DES PRÉS ET DU BÉTAIL.

Les cultivateurs étaient bien à plaindre lorsqu'ils ne pouvaient avoir de prés que sur le bord des ruisseaux et des rivières. Dans ce temps, on n'avait que très peu de bétail ; une grande partie des terres était en chaume, et le reste était mal cultivé. Il n'y a pourtant pas bien longtemps que les prairies artificielles sont répandues en France. Le ministre qui les a encouragées, en envoyant des graines dans les campagnes, mériterait d'avoir une statue dans toutes les communes. Depuis ce temps, le bétail est devenu cinquante fois plus nombreux. Un habitant digne de foi, de Chef-Boutonne, m'a assuré qu'avant la révolution de 89, il n'y avait que huit chevaux dans ce bourg ; à présent, il y en a plus de cinq cents. Dans tous les pays c'est à peu près la même augmentation : et voilà ce que les prés artificiels ont fait, encore nous n'en avons en France que le dixième de ce qu'il peut y en avoir ; et il y a beaucoup de fermiers et de propriétaires qui manquent de fourrage. C'est bien leur faute, puisqu'on peut partout faire des prés artificiels, soit d'une manière, soit d'une autre.

Dailleurs on peut remplacer le foin par des betteraves, des carottes, des pommes de terre, ou d'autres légumes. Il n'y a donc que les fainéans, comme le dit maître Jacques, qui ne peuvent pas nourrir leur bétail.

On s'est longtemps imaginé qu'il n'y avait que le foin des prés naturels qui était de bonne qualité ; mais il est souvent le plus mauvais. Il est vrai qu'on ne fait rien pour le rendre meilleur, et cependant il en est des prés comme de tout ce que l'on cultive, plus on en prend de soin, et plus ils produisent. Du terreau, du fumier, des balayures de cour ou de chemin, tout cela y est excellent.

Si vous pouvez faire arroser vos prés, surtout pendant les gelées du mois de mars et du commencement d'avril, vous ferez très bien : mais il ne faut pas que cela dure trop longtemps, car le bon foin ne vient pas dans l'eau. Le mieux serait de faire aiver pendant la nuit et d'envoyer l'eau tous les matins. De cette manière, la gelée ne pourrait faire aucun mal, l'herbe ne manquerait jamais de fraîcheur et de chaleur, et elle viendrait en abondance.

Quant au bétail, il faut en avoir le plus possible et du meilleur. Si on peut l'élever, c'est le mieux ; si on ne le peut pas, il faut l'acheter jeune : ces jeunes animaux se font mieux au climat et donnent plus de profit.

Les brebis, lorsqu'elles sont bien soignées, sont ce qui rapporte le plus. Elles donnent des agneaux, de la laine et du fumier. Le fumier suffit pour payer le fourrage, le pacage et la bergère ; il reste de profit net les agneaux et la laine, ce qui peut être évalué à six francs au moins par bête âgée de deux ans. Les fermiers de la Beauce, qui ont beaucoup de mérinos et de métis, disent que cent têtes leur produisent cent pistoles. Mais ce sont de beaux moutons, et ils en ont grand soin. Dans le Poitou, on soigne très mal ces malheureuses bêtes, à moins qu'on ne veuille les engraisser pour les vendre ; mais les pauvres brebis destinées à la production manquent le plus souvent de pacage, de fourrage et même d'eau pour boire. Aussi sont-elles dans un état misérable. Cela changera quand on aura beaucoup de prés.

Telles sont les idées de mon voisin sur l'Agriculture ; il recommande de bien choisir la semence. Le chaulage, le sulfatage ne sont pas oubliés. Il explique tout en détail, faisant souvent des questions à ceux qui l'entourent pour voir s'ils le comprennent.

IX.

CONCLUSION.

Pendant que le vieux grenadier cause avec les hommes, ils s'occupent tous à faire des paillassons, des claies ou d'autres ouvrages. Personne ne reste les bras croisés. Quelquefois on fait la lecture, et tout le monde écoute avec attention.

Les jeunes filles et les femmes, pendant ce temps-là, filent ou font des bas. Mais un peu avant neuf heures, tout le monde se lève, les ouvrages se mettent de côté et l'on danse jusqu'à l'heure du coucher. Le père Joseph veut qu'on travaille ; mais il aime aussi qu'on s'amuse.

Les veillées cessent au mois de mars ; à cette époque on sème la baillarge, puis on lève les guérets et l'on est trop fatigué le soir pour veiller.

Après les guérets viennent les foins et ensuite la moisson : c'est alors qu'on travaille le plus à la campagne, mais ces récoltes, surtout celle des foins, ne sont pas sans plaisirs. Il faut voir dans la prairie nos jeunes faneuses, travaillant avec le sourire sur les lèvres. En allant et en revenant des prés, la jeunesse se réunit et l'on chante jusqu'au village.

Le vienx soldat prend part à tous les travaux et jouit de la gaîté des jeunes gens.

Un jour que je retournais des prés avec lui : « Vous « le voyez, me dit-il, je suis heureux , mais il manque « encore quelque chose à mon bonheur : je voudrais « voir marier ma Joséphine. »

Un mois après , on voyait à la Maison-Blanche un grand rassemblement de gens endimanchés. On avait dressé une grande tente devant la maison et l'on y avait placé de longues tables. Une odeur agréable de viandes rôties se répandait au loin et excitait l'appétit. Des femmes, avec de grands tabliers blancs , allaient et venaient et paraissaient très-empressées. Un joueur de violon accordait son instrument et s'exerçait à jouer les airs les plus gais. La jòie la plus franche était sur tous les visages, et elle se manifestait le plus souvent par de grands éclats de rire.

Voilà la mariée ! voilà la mariée ! tel est le cri qui passe de bouche en bouche , et Joséphine s'avance donnant la main à son père. Son costume est simple , mais il est élégant , et elle est plus jolie que jamais. Est-ce parce qu'elle est un peu pâle , ou parce qu'une mariée est toujours jolie ? Les gens de la noce se mettent à la file , et je les suis en donnant le bras à une de mes voisines. Louis Bertrand conduit la mère de la mariée.

La cérémonie fut courte, mais le dîner fut très long, et je me retirai qu'on avait encore bien des rondes à chanter , bien des contredanses et des bals à danser , bien des verres de vin à boire.

Le vieux grenadier s'aperçut de mon départ. Il vint me conduire assez loin de sa maison ; il était heureux ; il avait pour gendre un cultivateur : nous nous embrassâmes en nous séparant.

LE PÈRE JOSEPH.

Les Arts et l'abondance règnent où fleurit l'Agriculture. *(Ancienne Maison rustique.)*

I.

INTRODUCTION.

Par une matinée du mois d'avril dernier, le père Joseph se promenait dans les environs de son village. Il avait son long bâton blanc, ses sabots à la courge, et il prenait force prise de tabac, tout en respirant avec plaisir l'air tiède du printemps. Il admirait huit belles mules qui labouraient près de lui. Voici, se disait-il, un coup-d'œil qui me rend heureux. Ces belles prairies, ces blés qui s'élèvent avec orgueil, ces jeunes gens vigoureux qui chantent en travaillant; tout, autour de moi, annonce l'aisance et le bonheur. Je n'ai pas d'enfans, mais plus de vingt familles me nomment leur père.

Il se livrait à ces douces pensées, lorsqu'il vit venir à lui un jeune enfant de dix à douze ans; il portait des livres sous son bras, et il était vêtu avec une certaine propreté. Père Joseph lui adressa la parole, et le dialogue suivant s'établit entre eux.

II.

DE L'AGRICULTURE EN GÉNÉRAL.

LE PÈRE JOSEPH. — Où vas-tu donc, mon enfant, tu parais bien endimanché pour un jour de travail ?

PETIT PIERRE. — Si je suis bien habillé, c'est que je vais à l'école, ne voyez-vous pas mes livres ? Si je suis si beau, c'est que mon père ne veut pas que je sois un paysan.

LE PÈRE JOSEPH. — Ah ! ah ! il me paraît bien avisé ton père, tu pourrais être quelque chose de plus mauvais.

PETIT PIERRE. — Il dit comme ça que c'est maintenant le dernier des métiers, que celui de cultivateur. Autrefois, c'était bien différent, on avait des fermes à bon marché; on pouvait s'y enrichir sans beaucoup travailler; mais par le temps qui court, c'est tout au plus si un fermier qui travaille comme un nègre peut dans toute sa vie, élever sa famille, et s'amasser vingt ou trente mille francs.

LE PÈRE JOSEPH. — Vingt ou trente mille francs et élever sa famille, n'est-ce rien que cela ? Et toi, mon enfant, tu veux mieux faire, d'après les conseils de ton père ?

PETIT PIERRE. — Oui, je veux être avocat ou médecin, si je puis, ou tout au moins notaire. Quand je serai grand, j'irai à Poitiers, ensuite à Paris. Je ferai comme le fils de M. Robillard, notre voisin, j'aurai de beaux habits, tous ceux qui me verront dans notre village auront de la peine à me reconnaître, tant je serai changé : mon père dit que tous nos voisins en créveront de jalousie.

LE PÈRE JOSEPH. — Et ton oncle Michel, l'ancien grenadier de la garde impériale, est-il du même avis ? veut-il aussi que tu sois avocat ?

PETIT PIERRE. — Oh non; quand mon père parle ainsi, mon oncle lève les épaules : ne crois pas ton père, me dit-il, reste ici, mon enfant, fais comme nous autres. Nous vivons bien à l'aise; nous avons au moins cent boisselées de terres; elles sont bien cultivées; notre bétail est nombreux, en bon état; et tout cela nous rapporte beaucoup. Tous les ans nous faisons des économies, et nous achetons du bien. Nous nous enrichissons, et nous sommes heureux, que faut-il de plus ?

LE PÈRE JOSEPH. — A la bonne heure, il a du bon sens, ton oncle; suis ses conseils, reste dans ton village. Si tu étais avocat, médecin, député même, tu serais moins heureux. Moi aussi j'ai habité les villes; j'y ai longtemps vécu; mais j'ai voulu venir mourir à la campagne : je me suis fait cultivateur. J'ai tous les livres qu'on a écrit sur l'Agriculture ; j'ai fait cultiver mes terres d'après les livres et d'après la méthode des cultivateurs du pays. Dans tout cela il y a du bon; mais il faut tâcher de faire de mieux en mieux. La culture des terres est une science, comme la médecine et le droit. Si tu veux, je t'en donnerai quelques leçons, et tu seras bon cultivateur.

PETIT PIERRE. — Avec bien du plaisir, Père Joseph.

LE PÈRE JOSEPH. — Demain matin tu me trouveras ici, sous ce gros chêne, à six heures précises ; nous y causerons jusqu'à l'heure de ta classe.

III.

DES AGENS DE LA VÉGÉTATION.

LE PÈRE JOSEPH. — Sais-tu ce qui fait pousser le blé, les herbes, les bois, en un mot, tout ce qui pousse sur la terre ?

PETIT PIERRE. — Ce qui fait pousser le blé!!! — C'est.... c'est le bon Dieu....

LE PÈRE JOSEPH. — Tu as raison, mais comme c'est Dieu qui fait tout, ce n'est pas répondre que de parler ainsi; car en te demandant ce qui fait pousser les plantes, c'est comme si je te demandais quels sont les moyens que la Providence divine emploie pour opérer leur végétation.

PETIT PIERRE. — Ma foi, je n'en sais rien, nos cultivateurs ne s'occupent pas de ça.

LE PÈRE JOSEPH. — Ils ont tort, les cultivateurs, ils agissent souvent au hasard, et celui qui a de l'instruction, agit presque à coup sûr.

Il faut donc que tu saches que c'est l'humidité et la chaleur qui font pousser ou végéter le blé, les bonnes et les mauvaises herbes, et tout ce que le sol peut nourrir. C'est au point que la terre n'est pas toujours nécessaire pour faire vegéter les plantes : as-tu vu des oignons de fleurs dans un bocal plein d'eau sur une cheminée ?

PETIT PIERRE. — Oh ! oui, j'en ai vu comme cela dans votre salon ; en effet, ces fleurs poussent et fleurissent bien sans avoir de terre au pied.

LE PÈRE JOSEPH. — Tu vois donc que c'est l'eau et la chaleur qui les font pousser ainsi. Lorsque le blé est semé, la terre est comme une éponge qui reçoit l'humidité et la chaleur et qui les fait passer à ses racines. Si la terre est bien cultivée, elle reçoit facilement la fraîcheur et la chaleur, et le blé vient très vigoureusement ; si au contraire elle est mal cultivée, à grosses mottes, bien dures, le blé pousse très mal, parce qu'alors l'éponge est mauvaise.

PETIT PIERRE. — C'est donc pourquoi mon oncle Michel ne veut pas absolument qu'on laboure pendant que la terre est mouillée, surtout au printemps.

LE PÈRE JOSEPH. — Justement, c'est qu'au printemps le soleil ne réchauffe que très peu la terre qui se ressent encore des gelées, et si elle est labourée pendant qu'elle est mouillée, elle devient dure comme des pierres.

PETIT PIERRE. — J'ai vu de la baillarge semée dans la boue, elle restait renfermée dans les mottes, comme si elle eut été prise dans un étau.

LE PÈRE JOSEPH. — J'ai entendu dire à des paresseux

qu'un terrain bien labouré conservait moins la fraîcheur que celui qui l'est mal, et d'après cela ils font leurs baillarges dans des rétubles ; mais dans nos contrées, on laboure plusieurs fois avant de la semer et elle vient toujours bien ; c'est qu'un terrain en bon état laisse pénétrer facilement la pluie ou la rosée jusqu'aux racines des blés qu'il nourrit.

PETIT PIERRE. — Je conçois cela, je vois à présent ce qui fait pousser les plantes : la chaleur et la fraîcheur ; mais il n'en faut pas trop, n'est-ce pas père Joseph ?

LE PÈRE JOSEPH. — Tu as raison ; aussi les meilleures années ne sont pas celles qui sont très chaudes ou très pluvieuses.

PETIT PIERRE. — J'ai entendu dire que c'est le soleil qui donne la couleur verte aux feuilles et aux herbes, et que c'est pourquoi l'on met les salades sous des tuiles pour les faire blanchir.

LE PÈRE JOSEPH. — C'est très vrai : la lumière est la source de toutes les couleurs, et elle les distribue à toute la nature. Un riche Anglais avait fait faire une grande cave pour y mettre ses fleurs pendant l'hiver. Un poêle leur donnait de la chaleur, et elles étaient souvent arrosées, de manière qu'elles poussaient assez bien ; mais leurs feuilles devinrent presque blanches. On lui dit de leur donner de la lumière au moyen d'un grand reverbère ; il le fit, et ses plantes reprirent bientôt leur couleur.

IV.

DES DIFFÉRENTES SORTES DE TERRES, DES AMENDEMENS ET DES ENGRAIS.

LE PÈRE JOSEPH. — Il est facile de voir que le terrain n'est pas partout le même, et qu'il varie souvent d'un champ à un autre très rapproché.

PETIT PIERRE. — En effet, il y a des terres blanches, rouges, grises, il y en a de fortes et de légères.

LE PÈRE JOSEPH. — Sans doute, mais ce n'est point ainsi qu'il faut distinguer les terres; il faut connaître les parties qui les composent et leur donner le nom de ces différentes parties. Tu sauras donc qu'il y a quatre différentes sortes de terre : 1° l'argile ou alumine ; 2° la matière calcaire, (qui fait de la chaux) ; 3° le sable ou silex ; 4° enfin la terre végétale ou *humus.*

Parmi ces parties, il n'y a guère que la terre végétale et la matière calcaire qui transmettent aux plantes une partie de leur substance ; mais dans les autres parties ; l'argile sert à donner de la consistance à la terre, et le silex sert à la diviser. Il est évident, en effet, que l'argile procure de la fraîcheur aux plantes, et que le sable leur laisse facilement pénétrer les rayons du soleil.

PETIT PIERRE. — Comment faut-il qu'un terrain soit composé pour qu'il soit bon ?

LE PÈRE JOSEPH. — On a remarqué que les meilleurs sols contenaient environ une moitié d'argile, un quart de sable, un 1/2 quart de terre blanche ou de matière calcaire, et un autre 1/2 quart de terre végétale.

PETIT PIERRE. — D'après cela, notre pays ne doit pas être mauvais, car notre terre est argileuse.

LE PÈRE JOSEPH. — Une grande partie des arrondissemens de Melle et de Niort est ainsi, et il n'y a pas beaucoup de meilleures terres en France.

PETIT PIERRE. — De sorte qu'on pourrait toujours rendre un terrain assez bon en lui donnant une partie de ce qui lui manque.

LE PÈRE JOSEPH. — Cela s'appelle amender ou corriger la terre. Un terrain est-il trop léger et brûlant ? il faut y mélanger de l'argile. Est-il trop gras et trop frais ? on doit y mêler du sable, de la terre légère, ou des cendres que l'on obtient facilement par les brûlis.

PETIT PIERRE. — Tont cela doit coûter bien cher, et j'entends dire à mon père que les Messieurs qui veulent cultiver font souvent plus de dépenses que de profit, et qu'ils feraient mieux de laisser faire leurs fermiers.

LE PÈRE JOSEPH. — Et ton oncle Michel parle-t-il ainsi des personnes instruites qui s'occupent d'agriculture ?

PETIT PIERRE. — Oh ! non vraiment, il n'en dit que du bien ; il répète souvent qu'il faudrait qu'une grande partie des gens riches s'occupât d'améliorer ses propriétés ; que cet exemple ferait beaucoup de bien aux pauvres habitans des campagnes.

LE PÈRE JOSEPH. — Il raisonne bien, ton oncle ; mais parlons des engrais. Ton père ne dira pas sans doute qu'on se ruine en fumant bien sa terre ; mais encore faut-il savoir fumer à propos et surtout trouver un moyen pour se procurer une grande quantité d'engrais.

PETIT PIERRE. — Mon oncle dit que le fumier de cheval et de mules convient beaucoup à nos terres argileuses, et celui de bœuf à nos petites grois.

LE PÈRE JOSEPH.— En voici la raison, c'est qne nos terres argileuses sont trop compactes, et qu'elles ont besoin d'être divisées, tandis que les terres siliceuses qu'il nomme grois, ont besoin de la fraîcheur que leur procure le fumier de bœuf.

PETIT PIERRE. — Mon oncle a fait creuser une grande fosse où il fait jeter les mauvaises herbes, des gazons, des fougères, les râclures de cour, et tout ce qui peut faire du terreau. Tous les ans nous en tirons une dizaine de charretées, et il dit que cela est presque aussi bon que du fumier.

LE PÈRE JOSEPH. — Un bon cultivateur tire parti de tout. Ce que les ignorans et les fainéans jettent avec dédain, il sait l'utiliser. Ainsi, il n'y a pas de meilleur fumier que celui qu'on obtient en faisant consommer les cadavres des animaux sous une certaine quantité de terre végétale. Cela demande des précautions, mais on est bien payé de ses peines.

PETIT PIERRE. — Mon oncle dit que dans une ferme bien ordonnée, rien ne doit être perdu, et que tout ce qui est nourri par la terre doit retourner à la terre, pour la mettre à même de produire encore.

LE PÈRE JOSEPH. — En effet, tout dans la nature périt et se renouvelle, c'est à nous de faciliter cette production et d'en profiter.

V.

DU LABOURAGE ET DES INSTRUMENS D'AGRICULTURE.

LE PÈRE JOSEPH. — Pour qu'un terrain reçoive facilement la fraîcheur et la chaleur et qu'il puisse la transmettre aux plantes, il faut qu'il soit bien cultivé ; aussi les pays où l'on sarcle les blés sont ceux où l'on fait les plus belles récoltes.

PETIT PIERRE. — Il faudrait bien du monde pour sarcler les plaines de nos environs, et si mon père le voyait faire, il dirait qu'on veut se ruiner.

LE PÈRE JOSEPH. — Il aurait tort, car on ne se ruine jamais en donnant tous ses soins aux plantes qu'on a confiées à la terre. J'ai vu un plant de vigne qui avait reçu quinze façons de labourage la première année ; il était bon à tailler dès la seconde année ; et la troisième il donna une récolte abondante. On n'obtient ordinairement ce résultat que la huitième ou la neuvième année. Il en est de même de toutes les plantes, elles demandent une bonne culture.

Creusez, fouillez, bêchez, ne laissez nulle place
Où la main ne passe et repasse.

(LAFONTAINE, le *Laboureur et ses Enfans*).

PETIT PIERRE. — Mais mon oncle dit qu'il ne faut pas

labourer en tout temps, et qu'un mauvais labour gâte la terre.

LE PÈRE JOSEPH. — La règle générale, c'est de labourer sec en hiver et humide en été. Je t'en ai déjà dit la raison ; c'est qu'en hiver les rayons du soleil sont très faibles et ne réchauffent pas la terre qui se durcit lorsqu'elle est labourée mouillée. En été, il n'en est pas ainsi, la terre est toujours légère, étant divisée par la chaleur.

PETIT PIERRE. — Si j'étais fermier, la première année, je ferais ce que je verrais faire à mes voisins, surtout aux plus âgés : je n'agirais que d'après leurs conseils. Mais ensuite je tâcherais de faire mieux qu'eux.

LE PÈRE JOSEPH. — Il est toujours bien de suivre les avis des vieillards, surtout en agriculture ; mais il ne faut pas que cela soit poussé trop loin : autrement on rejéterait les nouvelles inventions et l'on ne ferait aucun progrès. Crois-tu que si j'avais toujours suivi la vieille routine, j'aurais d'aussi belles récoltes, et que mon bétail aurait presque toujours le bouquet dans nos foires ?

PETIT PIERRE. — Mon père adopte bien ce que vous dites pour les prés artificiels et pour le bétail ; mais il ne veut pas changer son ancienne charrue. Il dit qu'il y a longtemps qu'elle fait venir de beaux blés, et que vos nouvelles inventions seront depuis longtemps à la feraille que sa charrue continuera encore à labourer.

LE PÈRE JOSEPH. — Il ne veut rien changer à sa charrue, il a tort ; car elle fonctionne assez mal, et ce n'est qu'après bien des labours qu'elle parvient à mettre la terre en bon état, tandis que les grands fers tranchans de mes charrues coupent toutes les herbes et font voir le jour à de bonne terre végétale que vos vieux *curedents* n'ont jamais approchée. Ah ! il ne veut rien changer à sa charrue ; eh bien pourquoi ne laboure-t-il pas avec une bêche, ton père, puisqu'il tient tant aux vieilleries, car avant de labourer à la charrue, on labourait à la houe; avant la houe on labourait avec des branches d'arbres au bout desquelles on mettait des cailloux. On a trouvé dans l'Amérique des peuples qui labouraient ainsi. Qu'il devienne donc tout-à-fait sauvage, ton père, et il labourera avec les instrumens les plus anciens.

PETIT PIERE. — Ne vous fâchez pas, père Joseph, mon père tient beaucoup à ses vieilles habitudes, parce qu'il n'est jamais sorti de notre village; mais mon oncle Michel a fait mettre à la charrue dont il se sert un sep, un soc et une oreille en fer; il veut même avoir bientôt une charrue André-Jean ou tout au moins une charrue Domballe.

LE PÈRE JOSEPH. — Voilà un cultivateur; il ne dit pas: cela ne vaut rien, d'une chose qu'il ne connaît pas. Avant de juger il examine, et, s'il y a du bon, il l'adopte, autant que ses moyens le lui permettent. Malheureusement ces instrumens perfectionnés sont jusqu'à présent bien chers.

PETIT PIERRE. — C'est le seul reproche que mon oncle leur adresse; mais il espère qu'ils se simplifieront, et qu'on en fera de moins coûteux, afin qu'ils puissent être achetés par nos cultivateurs.

LE PÈRE JOSEPH. — On peut y compter: le gouvernement, les Sociétés d'Agriculture, les Comices agricoles, et beaucoup d'hommes instruits s'occupent de ces améliorations, et l'on verra bientôt de bon instrumens de labourage dans les mains de tous les cultivateurs.

VI.

DES PRÉS ET DU BÉTAIL.

LE PÈRE JOSEPH. — On m'a reproché d'avoir dit trop souvent: veux-tu du blé, fais des prés, cependant je ne suis pas encore parvenu à me faire entendre de tous les cultivateurs. Ils ne font pas le dixième des prairies artificielles qu'ils pourraient faire ; et lorsqu'ils sont bientôt au bout de leurs fermes, ils se hâtent de défricher leurs luzernes et leurs sainfoins, dans la crainte qu'un autre en profite.

PETIT PIERRE. — C'est ce qui arrive au gros Thomas, notre voisin ; il a levé, l'année dernière, presque tous ses prés, et cette année il a été forcé de vendre du bétail parce qu'il ne pourra pas le nourrir ; il aura peu d'engrais et peu de blé, et à la Notre-Dame-de-Mars, il n'aura pas assez d'animaux pour remplir son cheptel, et sans doute pas beaucoup d'argent pour payer la différence de la première estimation. Mon père dit qu'il aurait beaucoup mieux fait de garder ses prés et son bétail.

LE PÈRE JOSEPH. — A la bonne heure, il a quelque fois du bon sens, ton père ! Ne dit-il pas aussi que le gros Thomas aurait bien fait, quelque temps avant l'expiration de sa ferme, d'aller trouver son maître pour la reprendre et continuer son exploitation comme il avait coutume et mieux encore, en faisant plus de prairies artificielles ?

PETIT PIERRE. — Il dit tout cela ; mais le gros Thomas fait toujours le finassier.

LE PÈRE JOSEPH. — Oui, je le répéterai toujours, qui courra après le blé sera mal avisé, et dans sa bourse souvent qu'aura-t-il ? Du vent. Mais qui fera des prés, aura toujours du blé et son bétail, en tout temps, lui fera de bon argent.

PETIT PIERRE. — Vous dites la vérité en riant, maître Joseph ; mais qu'aimez-vous mieux, les prairies artificielles ou les prés naturels ?

LE PÈRE JOSEPH. — Un bon sainfoin ou une bonne luzerne vaut mieux qu'un mauvais pré naturel ; mais à bonté égale, il n'y a pas de doute que je préfère le pré naturel. S'il est trop mauvais, peut-être qu'on le rendra meilleur en le défrichant et en le remettant en pré, après y avoir cultivé du blé pendant quelque temps. Il en est des prés naturels comme de tout en agriculture, plus on en a soin et plus ils rapportent.

PETIT PIERRE. — Que pensez-vous de l'arrosement des prés? Il y a des personnes qui laissent l'eau aller tout l'hiver dans leurs prés, mon oncle dit que cela ne vaut rien.

LE PÈRE JOSEPH. — Je pense ainsi. La bonne herbe des prés ne vient point dans l'eau, et un pré qui est trop arrosé est bientôt plein de joncs et d'autres mauvaises herbes. Il ne faut arroser les prés qu'au printemps et à l'automne, encore pas trop longtemps à chaque fois. Je connais un propriétaire qui, à la fin de mars et au commencement d'avril, ne fait arroser ses prés que pendant la nuit; de cette manière, la gelée ne peut leur nuire et ils ont de la fraîcheur pendant la nuit et de la chaleur pendant le jour. Aussi ce propriétaire a toujours une récolte de fourrage très abondante.

PETIT PIERRE. — Quand on a beaucoup de fourrage on peut avoir beaucoup de bétail; mais de quelle espèce doit-il être?

LE PÈRE JOSEPH. — Cela dépend du pays, mon enfant. Ici nous faisons bien d'avoir des mules, parce que nous avons de bon foin, que le pays leur convient et que nous trouvons très bien à les vendre. En Normandie, on élève beaucoup de chevaux; il en est de même dans les marais de la Sèvre, de la Vendée et du côté de Saint-Maixent. En Gâtine, ce sont des cochons et des veaux. Je suis loin de vouloir dire aux habitans de ces pays de changer leurs habitudes; ils ont éprouvé l'espèce de bétail qui convient à leur contrée; ils feront bien de continuer, en perfectionnant les races.

PETIT PIERRE. — On parle d'une espèce de moutons qui a la laine beaucoup plus fine que celle des nôtres : qu'en pensez-vous, père Joseph?

LE PÈRE JOSEPH. — Tu veux parler des moutons espagnols, qu'on nomme aussi Mérinos, ou des moutons anglais. Je crois que ce sont de bonnes races, des races perfectionnées. Les Anglais conviennent à notre contrée qui a de bons pacages, et les Mérinos doivent convenir à une partie de la Gâtine et surtout à la Saintonge.

PETIT PIERRE. — J'ai entendu dire que nos moutons du Poitou valaient encore mieux, et que cela ne prendrait pas dans le pays.

LE PÈRE JOSEPH. — C'est encore une mauvaise routine. Dans la Beauce, il y a vingt et quelques années, on pensait ainsi lorsque l'empereur fit venir de beaux troupeaux de Mérinos à Rambouillet, qui est un château royal près de Paris. Les Beaucerons disaient : Nous n'avons jamais vus des animaux si vilains ; nous n'en voulons pas. L'empereur leur dit : Vous en aurez malgré vous, je vous les donnerai plutôt pour rien. En effet, il faisait vendre ces béliers à ceux qui en offraient le plus. On les vendait alors 20 ou 25 fr. Les marchands qui faisaient venir des laines fines de l'Espagne pour faire de bons et de beaux draps, achetèrent celles de ces Mérinos trois ou quatre fois autant que la laine du pays. Alors les fermiers de la Beauce se ravisèrent ; ils virent leur profit à avoir des Espagnols et tous voulurent en acheter. A présent les Mérinos de Rambouillet se vendent très chers, et les cultivateurs des environs bénissent la mémoire de notre gand empereur, qui faisait tout pour la gloire et le bonheur de la France.

PETIT PIERRE. — Je voudrais bien que nous eussions de ces beaux moutons ; je ne les verrai jamais sans penser à Napoléon.

VIE DE Me JACQUES BUJAULT,

LABOUREUR.

INTRODUCTION.

Un soir de l'hiver dernier, le père Joseph avait à la Maison-Blanche une nombreuse compagnie. Il faisait grand froid ; le vent de bise soufflait avec violence dans la porte et dans les croisées, et murmurait de ces sons plaintifs qui portent souvent à des réflexions assez tristes. Mais un grand feu pétillait dans la cheminée, et répandait au loin, avec une vive clarté, une chaleur bienfaisante.

Chacun en entrant faisait tomber le givre dont il était couvert, venait se réchauffer auprès du foyer, oubliait bientôt le vent, le verglas et les mauvais chemins, pour ne penser qu'au plaisir que procuraient toujours ces réunions.

Savez-vous la nouvelle, se demandait-on les uns les autres? La plupart répondaient : oui, nous la savons : Me Jacques Bujault est mort. Mille questions se succédaient. L'as-tu connu? as-tu lu ses almanachs? Était-il grand? Était-il gros? Était-il fier? Aimait-il les cultivateurs?

On faisait cent réponses différentes à ces questions, et l'on était loin d'être d'accord sur l'opinion qu'on devait avoir de Me Jacques. Enfin l'on s'avisa de demander l'avis du père Joseph. On lui dit : *Vous connaissiez Me Bujault, nous le savons, racontez-nous sa vie. — Je le veux bien, mes enfans, écoutez tous.*

JEUNESSE DE Me JACQUES BUJAULT.

Me Jacques Bujault est né à la Forêt-sur-Sèvre, en Gâtine, dans ce pays qui est couvert de forêts, de genêts, de brandes, de fontaines, de belles prairies et de nombreux bestiaux. Il passa ses premières années comme presque tous les enfans du Bocage, à parcourir la campagne, à sauter les échaliers, à dénicher des oiseaux et à monter sur de petits chevaux vifs et légers comme des cerfs.

On l'envoyait à l'école chez un assez mauvais maître; mais comme il avait beaucoup d'intelligence il apprit promptement à lire, à écrire et à calculer. C'est à peu près toute l'éducation qu'il reçut; le reste il l'apprit tout seul.

Dans ce temps il y avait peu de savans, mais les hommes capables n'étaient pas plus rares qu'à présent.

Me JACQUES BUJAULT, IMPRIMEUR, AVOCAT, DÉPUTÉ.

Quand la révolution arriva, Me Jacques Bujault était encore bien jeune. Ses parens étaient patriotes, il le fut aussi, car en Gâtine, comme ailleurs, les bourgeois n'étaient point royalistes. Mais dans le Bocage ils étaient les plus faibles, et ils furent forcés d'abandonner leurs pays. Le jeune Bujault vint se réfugier à Niort; il n'était point riche: tout ce qu'il avait était en Gâtine; mais il lui restait du courage et de l'intelligence, et il alla travailler chez un imprimeur. C'est alors qu'il prit le goût d'écrire dans les almanachs. Dans les réunions populaires il prenait souvent la parole: on l'écoutait avec plaisir, et cela lui donna l'idée de se faire défenseur officieux. Il alla s'établir à Melle, et il y est toujours resté jusqu'à ses dernières années.

Me Bujault n'était pas un procureur comme un autre; il arrangeait souvent les procès; il donnait ses avis pour rien aux pauvres gens, et cependant il gagnait beaucoup d'argent. Il plaidait bien, tout naturellement, sans chercher, comme on dit, midi à quatorze heures. Souvent il faisait rire le public et les juges, même lorsqu'ils avaient bonne envie de dormir.

Tout lui prospérait, il était riche, il avait une fille unique qu'il aimait à la folie. Mais elle fait un mariage mal assorti ; elle perd la santé, la tranquillité et bientôt après l'existence. Quelle désolation pour son père ! il est sur le point d'en perdre l'esprit ; mais le temps, qui vient à bout de tout, calme enfin sa douleur. Il pense qu'il se doit à ses concitoyens, aux malheureux et aux cultivateurs qu'il a toujours aimés.

Estimé de tous ses concitoyens, il fut deux fois nommé député ; mais le séjour de Paris ne convenait pas à ses goûts.

Me JACQUES, CULTIVATEUR.

Il avait une bonne métairie à Chalouë, près Celles, commune de Sainte-Blandine, il y fit bâtir une petite maison, et il vint l'habiter. Cette métairie était affermée 1,000 francs ; il résolut de lui en faire rapporter plus du double : pour cela il prit des domestiques et se mit à la faire valoir. Il se dit : pour récolter beaucoup de blé, il faut beaucoup d'engrais ; pour avoir beaucoup de fumier, il faut beaucoup de bétail, et pour entretenir un grand nombre d'animaux, il faut beaucoup de fourrage. Allons, faisons des prés, des luzernes, des sainfoins, des trèfles, de la garobe, du brideau, force pommes de terre, de betteraves et de carottes. Pour consommer les provisions, achetons de jeunes mules de l'année. A deux ans elles travailleront, et, à quatre ans, nous les vendrons bien chères aux Espagnols.

Tout cela se fit comme il l'avait dit ; il fit bâtir des étables, une grange, il dépensa vingt ou trente mille francs, en bâtisse et en bétail ; mais sa métairie rapporte maintenant, quitte et net pour le maître, plus de quatre mille francs ; et ses terres s'améliorent tous les ans.

Combien croyez-vous qu'il y a de pièces de gros bétail à la métairie de Chaloué? il y en a plus de 60; de plus, 150 moutons et un grand nombre de cochons. Tous ces animaux font de l'engrais et du profit.

Comme on voyait aux environs que cette métairie rapportait beaucoup et prospérait tous les jours, il se présentait souvent chez Me Jacques des gens qui demandaient à la faire à moitié ou à l'affermer. Donnez-moi votre ferme, disait celui-ci, je me nomme Routinet, je suis le gendre à Peau-Lâche, du village de Saint-Lembin. Cet autre était Bois-Sansoif, du hameau de Sans-Souci. Il leur tournait le dos, ou se mettait à leur rire au nez.

Il avait pour domestiques deux frères fort intelligens et très laborieux; il leur dit un jour: prenez ma métairie à faire à moitié, vous ferez tout ce que je voudrai, et vous vous enrichirez. Ils acceptèrent, et ils s'en trouvent bien. Ils sont déjà fort à l'aise.

Me Jacques disait à ses métayers: j'ai acheté à Niort de la cendre, des tourteaux d'huile, du plâtre; allez chercher tout cela et vous m'en répandrez la poussière sur vos blés, sur vos trèfles et vos luzernes. Les jeunes gens s'empressaient d'obéir à leur maître. Dans les commencemens, on se moquait d'eux. Vous prenez bien de la peine, leur disait-on, pour blanchir vos habits. Ces propos ne leur faisaient rien, ils allaient toujours leur train. Au mois de mai les cendres, les tourteaux et le plâtre faisaient leur effet: la récolte était excellente, et les routiniers étaient tout confus.

Me Jacques disait souvent à ses voisins: la terre ne doit jamais chaumer; si vous ne lui faites pas rapporter de bonnes herbes, elle en rapportera de mauvaises. Voulez-vous avoir un bon pacage, ou même une bonne récolte de fourrage après votre froment, semez au printemps, dans votre blé du trèfle jaune, ou même du grand trèfle, si la terre est bien bonne. Si vous le préférez, semez du trèfle incarnat au mois d'août, ou bien de la garobe au mois de septembre. Tout cela nourrira votre bétail.

Trouvez-vous que votre champ commence à se prendre de mauvaises herbes, il faut le labourer aussitôt la récolte, le repasser au printemps et y semer au mois d'avril des betteraves, des carottes des pommes de terre, des fèves, du maïs et d'autres légumes, puis sarcler cela deux ou trois fois pendant l'été : vous n'aurez plus d'herbes sur votre terrain et il vous donnera une bonne récolte.

Il voulut aussi répandre au loin les bons principes d'Agriculture, et il écrivit dans les Almanachs.

MAITRE JACQUES, FAISEUR D'ALMANACHS.

Il ne suffit pas qu'un cultivateur sache ce qu'il faut faire, il faut encore qu'il soit à même de l'exécuter. Vous rencontrez souvent des gens qui, devant un bon feu, ou les pieds sous la table, vous donnent les meilleurs conseils, et parlent d'agriculture mieux que la maison rustique. Mais, allez chez eux, vous verrez leur bétail en mauvais état ; leurs granges, leurs étables mal tenues, et leurs champs mal labourés. Il faut donc par-dessus tout que les cultivateurs soient rangés et laborieux. Aussi Me Jacques était l'ennemi des ivrognes, des fainéans et des routiniers ; il les poursuivait sans cesse dans son almanach ; il les accablait de plaisanteries, et leur montrait souvent la faim et la misère prêtes à les tourmenter. Un bon nombre de ces gens-là se sont corrigés : ses voisins Jacques Chopine et Bois-sans-Soif ne s'enivrent plus que les dimanches et les jours de fêtes.

Routinet a semé l'année dernière un quartron de graines de luzerne et cultivé deux sillons de pommes de terre.

Combien de cultivateurs doivent la pensée de perfectionner leur culture aux conseils de l'almanach !

Me Bujault disait sans cesse : veux-tu du blé, fais des prés : et l'on a fait d'abord quelques prés, puis une assez bonne étendue ; mais on en fera encore le double dans la suite.

Me JACQUES, AMI DES ENFANS.

« C'est par eux, disait-il souvent, qu'on peut faire « quelques progrès en agriculture. Ces vieux labou- « reurs ont la tête trop dure et les reins trop raides : « il y a trente ans, quarante ans qu'ils tournent leur « charrue à gauche, n'espérez pas la leur faire tourner « à droite. Ils font deux blés et laissent chaumer la troi- « sième année ; vous ne leur ferez jamais entendre « qu'il ne faut faire qu'un blé, et mettre après du « fourrage ou des plantes sarclées. Mais les jeunes gens « aiment la nouveauté ; ils marcheront en avant tant « que vous voudrez, en agriculture comme à la guerre. »

Rencontrait-il des enfans en faisant ses promenades, il les emmenait chez lui, en les faisant causer. Il en réunissait souvent une dixaine ; il leur faisait manger une bonne omelette au lard. Ils étaient bien contens, et lui était heureux de leur gaîté. D'autres fois, il leur donnait des livres ou des vêtemens, il ne les oubliait jamais.

Un jour qu'il revenait d'un long voyage, ses petits amis, qui étaient impatiens de le revoir, allèrent à sa rencontre assez loin sur la grande route. Lorsqu'ils virent sa voiture, ils se mirent à courir de toutes leurs forces : quand ils la joignirent, ils ne pouvaient plus respirer. Il les fit tous monter avec lui. Ils se placèrent comme ils purent, derrière, à côté, par-dessus ; car il y en avait douze ou quinze. Les chevaux avaient bien de la peine à marcher ; mais la route était belle, et l'on arriva sans accident.

A peine Me Jacques était-il entré chez lui, qu'il fit ouvrir un gros ballot tout plein de blouses bleues avec des ceintures tricolores. Voilà pour vous mes enfans, leur dit-il ; vous avez pensé à moi, et moi je ne vous ai point oubliés.

TESTAMENT DE MAITRE JACQUES.

Il ne les a point oubliés, non plus, dans son testament, les petits enfans de sa commune. Il donne 1,000 fr. à chacun des dix-sept enfans de ses fermiers ; une dixaine de mille francs à d'autres enfans. Il fonde une école communale à Sainte-Blandine, sa commune ; pour la bâtir, il donne trois hectares de terre et 75,000 francs, sur lesquels on prendra aussi le traitement de l'instituteur.

1,500 francs sont donnés aux pauvres des environs de Chalouë, et enfin une rente de 700 fr. est établie pour l'écrivain qui fera le meilleur almanach populaire, destiné surtout aux cultivateurs.

CONCLUSION.

Voilà, mes amis, ce qu'a fait Me Jacques Bujault ; il a consacré sa vie au bonheur du peuple ; il vivra longtemps dans la mémoire des cultivateurs qui répétront toujours ses proverbes.

C'était un homme dont la plus grande jouissance était de faire du bien.

Il y a près de Chalouë un jeune homme de quinze à seize ans, que bien des gens prendraient pour un fou ; il est naturellement musicien ; à l'âge de dix ans, il jouait du violon sur un sabot. Un ménétrier des environs lui ayant vu ces dispositions l'emmena avec lui dans les ballades. Bientôt Carmouchon, car tel est son nom, jouait mieux que son maître, et les jeunes filles ne voulaient plus danser lorsqu'il ne jouait pas du violon.

Ce jeune homme venait souvent à Chalouë, et les jours de fêtes, il faisait danser la jeunesse des environs.

Quel plaisir pour Me Jacques ; il faisait distribuer force rafraîchissemens. Tout le monde était content. Carmouchon recevait en partant sa pièce de cinq francs et revenait toujours avec plaisir.

A la mort de Me Jacques, il a longtemps pleuré, et il a fait une complainte sur ce triste événement. La voici :

COMPLAINTE

SUR LA MORT DE Me JACQUES BUJAULT.

Pleurons tous notre père,
Pleurons Jacques Bujault ;
Il n'est plus que misère
Pour les fils du hameau. (Bis.)
Des rives du Lambon,
Aux bords de la Guirande,
Aux coteaux du Mignon,
La douleur sera grande. (Bis.)
Bergers et laboureurs
Des marais, de la plaine,
Par des torrens de pleurs,
Feront tous voir leur peine. (Bis.)
Ils pousseront longtemps,
Les enfans du Bocage,
De long gémissemens,
De village en village. (Bis.)
Les filles de Mougon,
De Celles et de Taucher,
Au son de mon violon,
Ne viendront plus danser. (Bis.)
Pauvre ménétrier,
Quel destin tu dois craindre ;
Tu ne fais que crier,
Soupirer et te plaindre. (Bis.)
Et vous, petits enfans,
Du pays de Chalouë,
Pendant plus de dix ans,
Pleurez, désolez-vous. (Bis.)
Moi, j'irai par les champs,
Le mont et la vallée,
Disant mes tristes chants
A toute la contrée. (Bis.)

SAINT-AUBIN EN GATINE.

INTRODUCTION.

Un soir, le père Joseph dit à ses amis réunis à la Maison-Blanche : Vous voulez que je vous parle encore de la Gâtine, j'y consens ; mais il y a des bavards parmi vous qui vont raconter ce que je vous dis à un certain imprimeur de Niort qui met cela dans son almanach. Croyant causer ici tranquillement avec vous auprès du feu, il se trouve que des milliers de personnes assistent à notre conversation. C'est sans doute toi, Petit-Pierre, qui est allé répéter à M. Robin, la vie de Jacques Bujault ; tu t'adresses bien là pour faire tes confidences, à un faiseur d'almanachs.

Cette histoire de Me Jacques a été imprimée à plus de 80,000 exemplaires, et s'est répandue très loin. Les maçons, les recareleurs de souliers, les scieurs de long, les Auvergnats, lisent dans leur pays l'almanach du Père Joseph, tout en mangeant des marrons à la veillée. Il paraît qu'on cultive bien mieux la terre qu'on ne faisait dans leurs contrées ; on y fait des charrues en fer, on élève beaucoup de bétail, et le froment a remplacé le seigle dans bien des endroits.

Tout cela me fait bien du plaisir, d'autant mieux que l'impression et la vente du calendrier font vivre beaucoup de monde.

Continuez, MM. les imprimeurs d'almanachs, vous faites une œuvre utile et patriotique ; mais n'imprimez pas tous les caquets de la Maison-Blanche.

LE CHATEAU.

Au milieu du Bocage vendéen, au pied d'un coteau assez élevé, il sort des rochers une source très abondante qu'on nomme la fontaine de Saint-Aubin. Un peu au-dessus, il s'élève une tour antique, couverte en ardoises, qui domine toute la contrée, et qui, de loin, semble porter sa cime pointue jusque dans les nuages.

On remarque, à côté, une maison tout-à-fait neuve et remarquable par son élégance. Ses nombreuses croisées à contrevents gris, fraîchement repeints, la blancheur éblouissante de ses murs et sa toiture ardoisée annoncent la demeure d'un riche propriétaire.

Cette maison est, en effet, habitée par un descendant des anciens seigneurs de la contrée. Il y a quinze ans, il était officier d'artillerie; maintenant il s'est fait cultivateur. Au lieu de pièces de canon, il fait manœuvrer des charrues en fer. Il était destiné à culbuter des bataillons avec les boulets et la mitraille, à présent il contribue, de tous ses moyens, à procurer du pain au peuple et du bien-être. Ce propriétaire se nomme M. de la Roche.

Il est là avec sa femme et ses deux enfans encore jeunes; il ne va que rarement à la ville; il dépense ses revenus, qui sont considérables, à faire travailler ses voisins pour embellir et améliorer son domaine.

Faire du bien et s'enrichir, y a-t-il une vie plus heureuse?

LA FONTAINE.

La fontaine qui sort du rocher sur lequel est bâti le château de Saint-Aubin, serait assez abondante pour faire tourner un moulin en toute saison. En sortant du rocher, elle tombe dans un bassin construit en pierres de taille, et d'une forme à peu près ronde. Tout à côté l'on aperçoit les ruines d'une ancienne chapelle qui est en grande vénération dans le pays. Les personnes pieuses s'y rendent de très loin pour y faire leurs prières; elles retournent ordinairement chez elles plus laborieuses, plus attachées à leurs parens, plus dévouées à leurs amis, et bien meilleures qu'auparavant. Qui pourrait blâmer cet usage? personne sans doute.

Saint-Aubin a bien d'autres vertus que de rendre meilleurs ceux qui le prient dévotement; il fait aussi, dit-on, marier les jeunes filles, mais il faut pour cela qu'après avoir fait leurs prières, elles jettent dans la fontaine les épingles qui servent à leur toilette.

Il est peu de jeunes filles de 18 à 25 ans qui manquent à cette dévotion; on en voit même dont les vêtemens tiennent à peine sur elles lorsqu'elles quittent la fontaine. Les épingles ont toutes volé dans son eau limpide, et souvent même les jarretières y sont jetées.

LA PRAIRIE.

Le ruisseau traverse une vaste prairie qui contient au moins 50 hectares; anciennement, il coulait à peu près en ligne droite, et l'on ne remarquait point d'arbres sur ses bords. Le fonds de la prairie est excellent, mais il était peu abondant. Tout a bien changé, depuis que M. de la Roche habite ses propriétés. Il a fait planter des peupliers sur les deux rives du ruisseau et tout autour de la prairie. Au moyen d'une écluse et de nombreuses rigoles, il répand son eau dans toutes les directions. Tous les soirs, aux mois d'avril et de mai, on met les pelles à fond, et dans moins d'une heure, l'eau se répand dans tous les prés; elle les arrose pendant toute la nuit et les préserve, au point du jour, des gelées tardives qui brûlent souvent la pointe des herbes.

Vous croyez peut-être que ces changemens ont été tout de suite approuvés des fermiers du château et des habitans de la contrée: il s'en faut bien. On disait partout que M. de la Roche va gâter sa prairie, il perd plus de 15 boisselées de ses prés à planter ses peupliers et à creuser ses rigoles.

Propos inutiles; il allait toujours son train, et maintenant il a plusieurs centaines de peupliers gros comme des sacs, et ses prés donnent une fois plus de fourrage.

Ces prés sont entourés de coteaux couverts de bois; on en voit descendre un grand nombre de petits ruisseaux qui viennent en serpentant dans l'herbe se joindre au cours d'eau qui traverse la prairie.

Lorsqu'elle est fauchée, elle est le rendez-vous des bergères des environs qui viennent y conduire de nombreux troupeaux, et font retentir les bois de leurs chansons en patois de Gâtine. Leurs voix, imitant le hautbois et le clairon, se répandent au loin dans la vallée; elles sont entendues des jeunes laboureurs de la plaine et des bergers qui gardent les troupeaux dans les pâtis. Ils leur répondent par des chansons dont ils ont fait, le plus souvent, l'air et les paroles.

LE BRIGAND BLEU ET LE BRIGAND BLANC.

Parmi les métayers du château, il y a deux vieux militaires qui ont fait la guerre dans la Vendée, l'un était dans l'armée républicaine, et l'autre avec les Vendéens. Leurs familles sont depuis bien longtemps au service de MM. de la Roche; mais les circonstances les avaient séparés; ils ne se sont rencontrés qu'en 1815; le Vendéen était de retour à sa charrue depuis longtemps, et le soldat republicain était devenu grenadier de la garde impériale, après l'avoir été de la convention.

Lorsqu'ils se virent pour la première fois, ils ne purent s'empêcher de se quereller; ils étaient prêts à se battre lorsqu'ils en furent empêchés par leurs amis communs. On les fit trinquer ensemble, ils parlèrent des batailles auxquelles ils avaient assisté, puis de leur jeunesse, et de leur premier métier de cultivateur, et ils devinrent bientôt amis.

Le vieux grenadier plaça son habit bleu dans la vieille armoire de sa mère, et mit dessus son bonnet à poil; il suspendit son grand sabre à côté.

Peu de jours après son arrivée, il avait repris le manche de sa charrue.

Le grenadier se nomme Guillaume, et le Vendéen Thomas; ils ont maintenant une soixantaine d'années; ils se voient tous les jours et ils dînent ensemble tous les dimanches. Il font souvent choquer leurs verres en disant : à ta santé *brigand bleu*, à la tienne *brigand blanc*, et ils rient de bon cœur.

AGRICULTURE DU VIEUX GRENADIER.

Les dimanches, M. de la Roche invite souvent les deux vieux grognards à venir dîner au château; il leur fait raconter leurs campagnes; il demande au vieux grenadier ce qu'il a remarqué sur l'agriculture dans les pays étrangers.

Un jour que le père Guillaume était un peu animé apès avoir bu quelques coups de vin des côteaux de Saumur, il se trouva disposé à causer, et voici ce qu'il dit :

Les Français s'imaginent être les premiers partout ; il est vrai qu'à la guerre nous en valons bien d'autres, et nous l'avons bien prouvé; mais dans beaucoup d'autres choses, et, surtout en agriculture, les étrangers sont nos maîtres. Cela me vexe, morbleu, et je voudrais que la nation française fût la première dans la paix comme dans la guerre, et, par-dessus tout, dans la culture des champs ; malheureusement, il n'en est pas ainsi.

Par exemple, en Autriche, en Prusse, et dans toute l'Allemagne, on cultive bien mieux que nous. Dans ces pays, on n'est pas assez simple pour toujours semer du blé dans les mêmes terres, et pour les laisser chaumer tous les trois ans. Quand on défriche un terrain, la première année on y met des fèves, des pommes de terre ou des betteraves ; la seconde, du froment ; la troisième, de la vesce avec un quart d'orge ou d'avoine, ou du trèfle ; et la quatrième, encore du blé. On recommence ainsi pendant six ou huit ans, et l'on fait ensuite un pré artificiel avec du sainfoin, de la luzerne, du rez-gras ou d'autres graines de pré.

Des terres ainsi cultivées donnent une grande quantité de fourrage. On a du bétail en quantité, et de l'engrais pour fumer ses terres tous les deux ans au moins. On met son fumier plutôt avec les plantes sarclées, qu'avec les blés, à raison des graines qu'il y a toujours dans le fumier.

Voilà des cultivateurs, les Allemands, ils ont des chevaux gros comme des tours, qu'ils nourissent, en partie avec du coupage, des carottes et de l'orge. Ils ont aussi des chevaux excellens pour la cavalerie et pour les carosses. Leurs bœufs, leurs vaches sont aussi magnifiques ; on leur donne souvent des choux et des navets qu'on cultive dans les jachères. Mais ces gens-là sont laborieux et tranquilles comme des grenadiers de la vieille garde.

En Angleterre, la culture est encore plus perfectionnée qu'en Allemagne.

Vous êtes donc aussi allé en Angleterre, dit M. de la Roche au père Guillaume.

Oui, mon capitaine, j'y suis allé, et par force bien entendu. On m'a fait prisonnier en Espagne, les Anglais m'ont emmené dans l'île de Minorque, où ils m'ont laissé nu comme le père Adam. Ensuite, ils m'ont conduit à Plymouth, sur un ponton où j'étais dix fois plus mal que les animaux qui sont dans les cabanes du Jardin des Plantes à Paris.

Pendant ce temps, les prisonniers anglais étaient bien traités en France. Cependant la nation anglaise est aussi une grande nation, mais son gouvernement ne ressemble guère au nôtre.

Je me suis échappé de mon ponton; un riche fermier me reçut chez lui et me traita très bien. Il payait à son maître vingt mille francs de prix de ferme.

C'est là qu'il y avait de beaux animaux et de beaux instrumens. Toutes les charrues etaient en fer, et toutes les charettes étaient à quatre roues. Quand nous allions chercher du foin ou des gerbes, nous marchions presque toujours au trot. Ces charriots étaient garnis tout autour avec de grandes ranches et leur charge ne pouvait tomber.

Là point de jachères; on dit qu'un champ se repose quand il est plein de patates, de maïs, de navets, de betteraves, de carottes, de coupage ou de trèfle. On fume bien tout cela, on le laboure bien, et puis le froment vient à merveille.

Voilà la jachère anglaise, voilà ce qu'il faut faire en France.

CONCLUSION.

M. de la Roche, aidé de ses deux vieux amis, a fait une révolution dans la culture de la contrée qu'il habite. Autrefois, on n'osait y semer que du seigle, et souvent il y venait assez mal; maintenant on commence par bien labourer la terre à plat, avec une bonne charrue en fer, puis on y répand de la chaux, de la marne et du fumier, et l'on fait une bonne récolte de froment. Les hersages, les binages ne sont point épargnés.

Il y a trente ans, ce pays de Câtine était bien pauvre; une métairie de cent hectares de terre y rapportait cent écus au propriétaire, et les fermiers y mouraient de faim; à présent les fermages ont plus que doublé, et les métayers sont riches. Il sont eux-mêmes devenus propriétaires ; ils ont acheté des portions de métairies que les Messieurs ont mangé à la ville, tout en fumant leur pipe, en battant le pavé, et en se pavanant dans les salons.

Travaillez, travaillez, bons cultivateurs, achetez des propriétés, ne faites pas de vos enfans des Messieurs portant barbe de bouc, passant leur temps dans les cafés, qu'ils soient des cultivateurs riches, instruits, et utiles à leurs concitoyens.

UN CULTIVATEUR EN ALGÉRIE.

INTRODUCTION.

Les réunions de la Maison-Blanche sont toujours très nombreuses. Un soir, on y vit arriver un jeune homme nouvellement revenu de l'armée d'Afrique ; c'était Jean Papineau, le fils d'un fermier des environs ; il avait encore ses moustaches, et son visage était de la couleur d'une croûte de pain un peu brûlée.

Tout le monde l'embrassa, même les jeunes filles, car, lorsqu'un soldat revient au pays, on est tout au plaisir de le revoir. Jean Papineau fut accablé de questions, il ne pouvait y suffire. Le père Joseph voyant son embarras le fit asseoir à son côté, et le pria de raconter ce qu'il avait vu de plus curieux dans l'Algérie. « Tu le vois bien, mon enfant, lui dit-il, nous « sommes tous désireux de savoir ce que c'est que ce « pays d'Afrique dont on nous raconte des choses bien « étonnantes. Parle-nous des habitans, de la culture « des terres, dis-nous tout ce que tu as vu. Il est « inutile de te recommander de ne dire que la vérité ; « tu es un Poitevin, et non pas un Gascon. »

Le jeune soldat consentit sans peine à satisfaire la curiosité de ses voisins. S'ils avaient le désir d'apprendre du nouveau, il n'était pas moins impatient de raconter ce qu'il avait vu dans ses voyages. Il relève sa moustache avec un certain air d'importance, et dit à l'assemblée : « Messieurs et mesdames, vous voulez « que je vous parle de ce pays brûlant et glacé, sec et « pluvieux, qu'on nomme l'Algérie, daignez m'é- « couter. »

DE L'ALGÉRIE ET DE SES HABITANS.

L'Algérie n'est point un pays comme le Poitou, la Saintonge, la Bretagne. Nous avons des plaines, des bois, des marais : en Afrique il y a tout cela ; mais il y a de plus un grand nombre de montagnes : ce qui change beaucoup le climat. Dans la plaine, surtout près de la mer, il y fait presque toujours chaud, et dans les montagnes on y voit de la neige au mois de juillet.

Ces montagnes se nomment l'Atlas ; elles se divisent en plusieurs chaînes qui vont du levant au couchant. Il en sort une infinité de ruisseaux qui se réunissent dans les plaines, y forment plusieurs rivières qui vont se jeter à la mer.

Les plaines sont presque partout cultivées ; mais les montagnes ne servent qu'au pacage des troupeaux de brebis, de bœufs, de chevaux et de chameaux.

En Algérie, ce n'est pas en tous lieux la même espèce de gens comme en France : on en compte de six ou sept sortes. Dans les villes, des Maures, des Turcs, des Européens, des Nègres et des Juifs; dans la plaine, des Arabes et des Kabyles ; dans les montagnes et dans le désert de Sahara, des Kabyles seuls. Ces races d'hommes sont bien différentes, et forment comme autant de peuples qui vivent ensemble depuis bien longtemps, sans jamais se mélanger et se faisant souvent la guerre.

Les Arabes et les Cabyles habitent ordinairement sous des tentes, à peu près comme celles de nos cafetiers dans les foires champêtres. Tout loge là-dessous, les hommes, les femmes, les enfans et les animaux favoris. Quand les troupeaux sont restés quelque temps dans une contrée et que les pacages sont épuisés, on lève les tentes, on les charge sur les chameaux avec tout le bagage, et l'on s'enva dans un autre pays. C'est aussi très commode pour faire la guerre. Quand les Arabes veulent venir nous attaquer, ils conduisent leurs familles et leurs troupeaux bien loin dans les montagnes, ou dans le désert, puis ils viennent piller et tout dévaster dans nos villages. Mais ils sont forcés bien souvent de s'en aller encore plus vite qu'ils n'étaient venus.

JEAN-PIERRE, LE BEAUCERON.

Quand j'étais à Constantine, il y avait dans les chasseurs d'Afrique un brave soldat nommé Jean-Pierre, dit le Beauceron, parce qu'il était des environs de Chartres, autrefois la capitale de la Beauce. Ce jeune homme faisait très bien son service ; il était toujours propre, actif, soumis à ses chefs et dévoué à ses camarades. Demandait-on un homme de bonne volonté, il se présentait des premiers et restait le dernier au combat.

Mais Jean-Pierre avait un grand défaut pour un soldat, et particulièrement pour un chasseur d'Afrique, qui doit être le modèle des bons enfans et des farceurs. Il était toujous un peu triste. Qu'as-tu, lui disions-nous souvent ; tu ne ris jamais, pourquoi cela ?

Ah ! mes amis, nous disait-il, je regrette mon pays ; ces belles plaines de la Beauce ; ces grandes fermes, ces nombreux troupeaux de Mérinos ; et nos chevaux du Bas-Poitou, gros comme des tours, et nos bonnes et fortes charrues qui tranchent et retournent la terre avec la même facilité qu'on coupe un morceau de fromage et qu'on l'étend sur du pain ; et nos belles prairies artificielles de luzerne, de trèfle, de sainfoin. Comme tout cela pousse avec abondance dans nos fertiles campagnes ! — Puis vous voyez, à l'extrémité des plaines, un sombre rideau de verdure produit par une forêt de bouleaux, de chênes et de hêtres. Et ces beaux châteaux, avec leurs longues allées plantées çà et là au milieu de la plaine. — Il n'en finissait pas quand il parlait de son pays, et il semblait alors assez gai. Mais quand il était livré à lui-même, il se laissait aller à la plus grande tristesse. — Nous disoins souvent : Il arrivera bien certainement quelque malheur à Jean-Pierre.

JEAN-PIERRE, PRISONNIER.

Un soir, le général Changarnier nous donna l'ordre de nous préparer à partir le lendemain, à 1 heure du matin, pour aller donner la chasse à des Kabyles ou Bedouins, qui venaient de brûler un village de nos amis, les Béni-Mouça.

Nous partons dans le plus grand silence, et nous marchons, un bon pas, pendant quatre ou cinq heures. Bientôt nous voyons sur une colline plusieurs feux allumés et bon nombre de tentes. Ces coquins de Bedouins se régalaient de ce qu'ils avaient pris à la tribu de nos amis. Nous arrivons près d'eux sans qu'ils aient pu changer de place ; seulement ils avaient levé leurs tentes et s'étaient préparés au combat.

Nous marchions toujours et nous fûmes bientôt très près d'eux ; ils faisaient bonne contenance, et se jetèrent au milieu de nous pour nous tuer avec leurs yatagans, qui sont des poignards dont ils se servent très adroitement, mais nous les tenions toujours à une certaine distance, et nous les percions de nos bayonnettes.

Ils furent presque tous tués ; mais nous n'avions eu affaire qu'aux fantassins, et les cavaliers vinrent nous attaquer par derrière. Le général avait prévu cette manœuvre, et nous avions formé le carré. Quand les chevaux approchaient trop près, nous leur piquions le nez ; ils se cabraient et renversaient souvent leurs cavaliers. Les rangs du centre tiraient sans cesse ainsi que deux obusiers de montagnes.

Bientôt les ennemis furent dans une déroute complète : nos cavaliers se mirent à leur poursuite et ne revinrent au camp qu'assez tard ; ils avaient fait, ainsi que nous, un grand nombre de prisonniers et pris beaucoup de butin.

Nous étions tous heureux de notre victoire et nous ne pensions plus qu'à faire usage des provisions que les Kabyles nous avaient laissées en abondance. Mais Jean-Pierre ne paraissait pas. Il avait poursuivi très loin les ennemis : un cavalier kabile lui avait lancé une corde à nœud coulant autour du cou, et l'avait entraîné au grand galop, sans qu'on ait pu le délivrer.

UN OASIS DANS LE DÉSERT.

Les Kabyles, qui avaient pris Jean-Pierre, marchèrent pendant trois jours dans le désert, avant de s'arrêter ; enfin ils arrivèrent au marabout de Ben-Fakir, qui est un des Oasis les plus agréables du Sahara.

Une abondante fontaine entretient la fraîcheur dans ce lieu délicieux ; elle coule d'abord au milieu d'une vaste prairie et vient ensuite traverser une valée dont les deux côtés sont plantés d'arbres touffus. Là, le chêne, le bouleau, le hêtre, le platane viennent se joindre au palmier, au cèdre, à l'olivier, à l'oranger et à une multitude d'arbres toujours verts, pour y former un abri impénétrable aux ardeurs du soleil.

Sur le bord de la prairie, entre le bois et le ruisseau, s'élève une petite mosquée entourée de colonnes en marbre blanc. C'était, du temps des Romains, un temple consacré à l'un de leurs dieux. Tout près de là se trouve l'habitation de Ben-Fakir, d'une construction simple et élégante.

A l'arrivée de la troupe des Kabiles, il se promenait dans le bois qui borde sa demeure ; il avait un livre de prières à la main, et les guerriers du désert l'abordèrent avec un profond respect, en lui présentant leur prisonnier pour qu'il disposât de son sort. Il leur fit signe de mener Jean-Pierre à sa demeure, et s'y rendit lui-même en continuant de marcher lentement. — L'arrivée des Arabes avait troublé la tranquillité qui règne ordinairement dans l'Oasis. Zulima, la fille unique du marabout accourut à leur rencontre au milieu des jeunes filles qui composent sa suite. Zulima est belle comme la rose qui vient d'épanouir, son cœur est sensible à toutes les misères. Elle voit Jean-Pierre dans un état bien digne de compassion ; il était exténué de faim et de lassitude. Mais sa pâleur ajoutait un nouveau charme à la régularité de ses traits. C'était vraiment un beau captif, et Zulima fut touchée de son malheur, et sans doute aussi de sa beauté.

Quand la nuit fut venue, elle alla trouver son père et lui demanda la grâce de son prisonnier. Ben-Fakir n'avait jamais rien refusé à sa fille unique. Cependant il avait promis aux Kabyles qu'ils emporteraient la tête de Jean-Pierre. Va, dit-il à Zulima, ôte les chaînes au jeune Français, et fais-le cacher dans l'un des souterrains de nos montagnes ; les guerriers croiront que le dieu des chrétiens est venu le délivrer, et ils ne feront aucune recherche.

Tout se passa comme il l'avait prévu, et Jean-Pierre demeura dans l'Oasis. Bientôt il épousa la belle Zulima, et consacra son temps à sa jeune épouse et à l'agriculture.

AGRICULTURE ARABE.

Les Arabes cultivent très mal ; il sont trop barbares pour qu'il en soit autrement ; car la bonne agriculture n'existe que dans les contrées riches et éclairées, comme en Allemagne, et surtout en Angleterre.

La charrue de l'Algérie ressemble beaucoup à celle des environs de Mirebeau, de Poitiers, de Loudun. Lorsqu'un Arabe ou un Kabyle va labourer, il porte sa charrue sur ses épaules. Dans les environs de Poitiers ils en font autant : les chevaux ou les bœufs viennent par derrière. De manière qu'on peut dire que, dans ce pays, la charrue marche avant les bœufs.

Ce qu'il y a de bien sûr, c'est que tout cet attelage est très misérable. Cependant ces gaillards-là mettent souvent à leurs charrues des chevaux qui se vendraient ici plus de 2,000 francs.

Cette charrue qui se compose d'une perche et de deux ou trois autres petits morceaux de bois de ciprès, ou d'autres bois résineux, n'a même pas de fer au bout du sep : on se contente d'en faire brûler un peu l'extrémité pour le durcir. Elle est très légère ; et nos soldats, lorsqu'ils allaient chercher du bois pour leur bivouac, en emportaient chacun deux ou trois sur leurs épaules.

Les Arabes labourent à plat comme dans la Beauce. Ils font leurs planches dans tous les sens. Bien que la terre d'Afrique soit excellente, on n'y fait pas de bonnes récoltes ; mais cela n'est pas étonnant, puisqu'on n'y fume presque jamais les terres, et l'on ne peut y avoir de fumier, les bestiaux n'étant jamais à l'étable, même pendant la nuit.

Si les Arabes ne laissaient pas chômer leurs terres, ils ne récolteraient rien ; mais quand ils ont épuisé un terrain, ils l'abandonnent pendant plusieurs années, et ils en défrichent un autre.

Les cultivateurs de notre pays, qui font deux ou trois blés de suite et qui laissent chômer deux ans, cultivent à peu près comme les Bedouins.

Les environs des villes étaient un peu mieux cultivés : maintenant ils le sont comme en France.

FERME-MODÈLE DANS LA MITIDJA.

Il y avait déjà deux ans que J.-Pierre habitait l'Oasis du désert, sans avoir aucune nouvelle des Français.

Un certain jour, le général Lamoricière, avec ses zouaves, fit une course de ce côté pour aller à la découverte : il fut agréablement surpris de trouver un lieu délicieux au milieu du Sahara, et surtout d'y rencontrer un Français; il décida sans peine le Beauceron et son épouse à venir à Alger. Le maréchal Bugeaud les reçut très bien, et les mit dans une ferme-modèle qu'il avait fait bâtir dans la Mitidja.

Rien n'est plus agréable à voir que cette ferme. Les bâtimens entourent une vaste cour de plus d'un hectare; au milieu coule un petit ruisseau qui forme une nappe d'eau pour abreuver les animaux.

La maison est très simple, mais élégante ; elle est au centre des bâtimens et regarde le soleil levant. A la suite viennent la boulangerie, la laiterie, la bergerie, les étables ; puis les hangars pour abriter les charrettes et les autres instrumens de labourage.

Les écuries sont spacieuses et très proprement tenues : d'un côté sont les jumens poulinières et les élèves; de l'autre, les poulains destinés au travail. Chaque jument, chaque cheval a sa case pour éviter les coups de pieds et les autres accidens.

Dans cette ferme on élève beaucoup de chevaux pour la cavalerie. A deux ans on commence à les faire travailler jusqu'à cinq ; puis on les vend au dépôt de remonte. — Il faut voir trois de ces jeunes chevaux sur une charrue André-Jean. Leur conducteur a de la peine à les suivre ; ils la meneraient au galop s'il le voulait.

Les terres entourent la ferme et sont coupées par des allées plantées de mûriers, dont les feuilles servent à nourrir des vers à soie. L'une de ces allées, qui est vis-à-vis la principale porte, va du levant au couchant ; et les autres, du nord au midi ; elles divisent la propriété en 14 carrés longs, à peu près égaux, qui forment l'assolement de l'exploitation.

Le premier carré, à droite, devant la ferme, est en luzerne ; celui qui est vis-à-vis est en jardin, où l'on cultive du chanvre, des haricots et autres légumes. Lorsqu'on lèvera la luzerne, elle sera remplacée par le jardin, qui, lui-même, sera mis en luzerne.

La moitié des 12 autres carrés est en sainfoin, de un à six ans. Tous les ans on en sème et l'on en lève un. Ce défrichement se fait après la couvraille, au commencement des pluies; à cette époque la terre se lève facilement: au printemps, l'on donne une autre façon, et l'on plante ensuite des pommes de terre, on sème des betteraves, des carottes, du maïs et autres plantes sarclées: Tout cela est bien fumé.

La seconde année, on met du froment. On y passe la herse au printemps, et l'on sème du trèfle pour la troisième année. — La quatrième année, du blé. — La cinquième, de la garobe ou du brideau pour fourrage. — La sixième année, on refait le sainfoin, et l'on y jette quelques graines de colza, ou bien encore de l'orge, ou de l'avoine très claire.

Cet assolement n'est jamais interrompu, et les trois quarts de la ferme se trouvent en fourrage. De cette manière le bétail est abondamment nourri. Les blés sont très bien fumés, et tous les produits sont magnifiques.

CONCLUSION.

Après avoir un peu respiré, Jean Papineau continue: Voilà, Messieurs et mesdames, ce que j'ai vu dans l'Algérie. Si vous vouliez faire ce petit voyage, vous pourriez le vérifier.

Vous y verriez le Beauceron apprenant la bonne agriculture aux Maures, aux Arabes et aux Kabyles: vous y verriez la belle Zulima, avec ses larges pantalons blancs, sa tunique brodée d'or et son turban couvert de diamans, recevant le maréchal Bugeaud, les généraux Bedeau, Lamoricière, Bourjoly, Cavagnac et bien d'autres, lorsqu'ils viennent visiter la ferme-modèle.

Vous la verriez aussi vêtue comme une paysanne de la Beauce, donnant à manger à ses poulets, visitant ses agneaux et donnant des ordres à ses nombreuses servantes.

Elle a deux enfans aussi beaux qu'elle; elle les aime à la folie.

J'aimais bien à visiter la ferme-modèle, ses beaux chevaux, ses belles prairies, ses cultures perfectionnées, ses habitans, dont on admirait la gaîté, la politesse et la beauté. Mais je n'avais point oublié les environs de Saint-Maixent et de la Mothe, et leurs habitans, et le père Joseph et la Maison-Blanche. L'Algérie n'était rien pour moi, quand je pensais à notre beau pays; et j'y pensais toujours.

UNE FERME-MODÈLE EN TOURAINE.

LES BORDS DE LA LOIRE.

En suivant la rive droite de la Loire, de Tours à Saumur, on trouve aux environs de Bourgueil des terrains qui sont je crois les meilleurs de France. Là, jamais la terre ne se repose : on y voit des vignes qui donnent d'exellent vin rouge ; on y cultive la réglisse, et les prés artificiels y sont nombreux. Les autres terres sont ensemencées une année en chanvre, oignons, haricots, maïs ou pommes de terre ; l'année suivante on y sème du blé.

Ce pays est comme un jardin planté de beaux peupliers et d'arbres fruitiers, et l'on y rencontre à chaque instant des maisons bien blanches, en pierres de taille et couvertes en ardoises.

Cette vallée est peu éloignée des bords de la Loire, dont les eaux, anciennement, la baignaient toute entière.

Mais si vous montez les coteaux qui bornent cette belle contrée, vous êtes bien désanchanté. Là, plus de beaux prés, de cultures perfectionnées, mais des brandes et des ajoncs poussant à peine dans un terrain argileux et pierreux. On y voit çà et là quelques pins plantés depuis peu d'années, et qui viennent assez bien.

Cependant une partie du pays est cultivée, et l'on y rencontre de loin en loin des ruisseaux qui forment d'assez bonnes prairies.

LA FERME.

C'est sur le bord de l'un de ces ruisseaux qu'est bâtie la ferme de M. de Linard. Il faut y être arrivé pour l'apercevoir, et son aspect surprend le voyageur bien agréablement. Les bâtimens sont presque tous nouvellement construits, et disposés avec ordre autour d'une grande cour.

Sur l'un des côtés se trouve la maison du propriétaire ; elle est petite, mais élégante. Les croisées sont nombreuses, et toutes en pierres très blanches. Le reste des murs est en briques rouges.

Ce blanc, ce rouge, mêlés au gris des contrevens, produit un effet éblouissant, puis cette maison n'est pas comme celles de notre Poitou qui se ressemblent presque toutes ; elle a des croisées de différentes dimensions, rondes, carrées, demi-rondes, ovales, et toutes placées avec beaucoup de goût. Elle a deux étages sans les greniers. Au-dessous sont la cuisine, la laiterie, le cellier et d'autres servitudes.

Par-dessus, les appartemens du maître ; ils sont très simples, mais très agréables. L'on y entre par un large escalier et un perron couvert, qui sont dans le jardin. On voit de là la prairie et les coteaux boisés qui dominent la ferme.

Le ruisseau traverse le jardin, et vient y former un réservoir rempli de poissons.

M. de Linard habite cette campagne depuis cinq ou six ans, et ceux qui l'ont vue avant son arrivée ont de la peine à la reconnaître ; c'est un homme très instruit et de très bonne compagnie.

LA BERGERIE.

Un des principaux bâtimens de la ferme est la bergerie ; M. de Linard a pensé qu'ayant encore une grande étendue de ses terres incultes, il fallait aussi y faire pâcager des brebis ; il a un troupeau d'une centaine de têtes de métis-mérinos.

Il vend ses moutons à 2 ans avec les vieilles brebis et les bêtes qu'il met à la réforme. Il a trois autres troupeaux , à peu près du même nombre , qui sont gardés dans les brandes, à moitié profit.

L'étable aux brebis est très grande, garnie de crèches et de râteliers ; elle est divisée en différens compartimens. Dans l'un on met les brebis mères et leurs agneaux ; dans l'autre , les moutons ; plus loin , les béliers , et à côté se trouve l'infirmerie.

Il y a aussi une petite étable pour les bêtes de choix ; on y voit des brebis anglaises à longues laines , et des écossaises à laine frisée. Ces dernières sont petites , très bien faites , et ressemblent à de jeunes biches.

Ces bêtes sont toujours soignées à la bergerie et elles sont magnifiques. On ferait peut être bien d'en faire autant pour toutes les brebis ; elles donneraient bien moins de peine : on aurait plus de fumier , plus de laine et plus de profit. Il faut pour une brebis deux livres de foin ou de paille par jour , ou 730 livres par an ; pour cent brebis , 73 milliers.

On emploie la paille d'avoine , d'orge , ou même de froment au moins pour une moitié. On peut aussi cultiver des topinambourgs , des betteraves , des pommes de terre ; de manière qu'avec 30 milliers de foin ; on pourrait nourrir cent brebis à l'étable.

Il n'y a pas de ferme en Poitou où l'on ne puisse parvenir à ce résultat , et se procurer ainsi le double du produit qu'on a maintenant ; il suffirait d'avoir près de l'étable un pâtis d'un journal seulement bien renfermé , pour faire sortir les brebis de temps en temps.

Les brebis font beaucoup de mal dans nos campagnes ; elles détruisent les jeunes haies , broutent à droite et à gauche les blés , les bois , les vignes et les prairies artificielles ; elles sautent les fossés et renversent les murs , souvent sans que les bergères puissent en empêcher , et quand elles sont négligentes ou qu'elles sont sous un abri à causer entre elles ou avec leurs amoureux , tout est brouté et ravagé.

En supprimant le pacage du bétail, surtout dans les pays morcelés, on rendrait un grand service aux propriétaires.

GROS BÉTAIL.

On a ordinairement, à la ferme modèle, une dixaine de jumens de grosses races poitevine, bretonne ou percheronne ; elles servent toutes au travail et à la production. Un jeune poulain de deux ans, élevé dans la ferme, sert d'étalon. Quand un très grand nombre de jumens se trouvent pleines, on les vend après les avoir remplacées

M. de Linard ne garde pas longtemps ses jumens ; il ne veut en avoir que de jeunes ; il élève presque toutes les pouliches qui naissent dans sa ferme, et il vend tous les poulains dans l'année. On ne voit pas de bœufs à la ferme modèle, le pays ne leur convient pas ; il est trop sec ; on y tient seulement deux vaches pour les besoins de la maison.

On y voit encore des chevaux de luxe que M. de Linard achète à Paris, et dans d'autres grandes villes. Ces animaux ont, pour la plupart, de très belles formes, mais ils sont en très mauvais état. Ils ont appartenu à des jeunes gens de bonne maison, dont la tête est un peu folle, et qui ont abusé de leurs chevaux : leurs domestiques les ont aussi mal soignés. On ne peut plus les montrer dans le monde élégant ; on vend ces pauvres bêtes, et notre fermier modèle les achète presque pour rien. Arivés chez lui, il les soigne bien, leur fait manger force farine d'orge, et dans quelques mois il les vend des prix foux. Il gagne plus de cent pour cent sur ces marchés.

Il faut qu'un cultivateur soit maquignon.

J'ai bien vu, me disait dernièrement un agriculteur âgé, des fermiers s'enrichir par le bétail, mais jamais par le blé. Ces paroles sont demeurées gravées dans ma pensée ; elles sont pleines de bon sens , et celui qui les disait , citait de nombreux exemples à leur appui. Ayez donc du bétail , et du jeune et du bon.

LES GRANGES.

Il y a deux granges à la ferme modèle , l'une pour le foin et l'autre pour les gerbes. Celle du fourrage en contient 200 milliers ; elle se trouve à proximité de la bergerie et des écuries.

La grange pour les gerbes est planchée sur le devant, pour y battre le blé pendant l'hiver. Cette méthode a bien des avantages ; elle occupe les journaliers dans un temps où l'ouvrage est rare ; elle donne la facilité de s'occuper de semer plutôt les blés , et elle permet de donner de la paille fraîche au bétail.

Dans notre pays du Poitou , on ne fait manger le plus souvent aux animaux que du foin; cela leur donne un ventre énorme , et les rend promptement poussifs. S'ils mangeaient beaucoup de paille et une ration de grains , ils seraient mieux faits et plus vigoureux

CULTURE ET ASSOLEMENT.

La ferme se compose de 10 hectares de prés naturels ; 30 hectares de prairies artificielles ; 15 hectares en fourrages naturels, comme garobe ou vesce, trèfle, et en plantes sarclées , telles que pommes de terre , carottes , betteraves, et même en jachères cultivées , lorsque le besoin s'en fait ressentir ; enfin, 15 hectares sont en froment , avoine , seigle ou orge.

Avec la vesce , on fait bien de mélanger un tiers ou un quart de seigle , d'orge ou d'avoine. Les animaux mangent très bien tout cela. Vous pouvez commencer à leur en donner au 15 avril.

Au premier septembre, on doit semer du coupage et continuer ensuite à couvrir les blés, en commençant par le seigle, l'avoine et l'orge.

On vous dira : quelquefois les blés tardifs valent mieux que les premiers ; mais le père Joseph répète souvent à ses amis:

Premier n'a jamais rien demandé à dernier.

Les terres de la ferme sont divisées en douze portions égales, toutes bornées au moyen de forts piquets de chêne. Six portions sont en prés artificiels ; trois en fourrages annuels ou en plantes sarclées, et trois en blé, que les savans nomment céréales.

Tout le domaine est dans le meilleur état possible, et cependant on n'y voit à l'habitude que deux servantes et trois domestiques. On prend des journaliers, et, le plus souvent, des hommes à la tâche pendant les fauches et pendant la moisson.

CONCLUSION.

Un jour on vit arriver à la ferme-modèle une vingtaine de beaux cavaliers montés sur des chevaux arabes ou anglais à jambes fines comme des fuseaux. Ils étaient presque tous habillés commes des Arabes ou des Turcs ; ils avaient de grands pantalons blancs ou bleus, des vestes brodées en or et en argent, et des turbans blancs avec de larges agraffes en diamans au milieu de la tête.

Comme c'était beau cette cavalcade, tout le monde courait pour la voir ; la foule encombrait les rues des villages ; et, dans les champs, les laboureurs et les bergères quittaient leurs occupations pour aller sur son passage.

Quand les cavaliers furent arrivés à la ferme, un jeune officier, qui était aide-de-camp du roi, dit à

M. de Linard : voici la décoration de la légion-d'honneur que sa majesté vous envoie pour les services que vous avez rendus à l'agriculture. Je vous présente aussi Ibrahim-Pacha, fils du vice-roi d'Egypte, qui vient visiter vos cultures et vous propose d'aller dans son pays pour être ministre de l'agriculture.

On ne peut se faire une idée de l'étonnement de notre agriculteur modèle ; il accepta la croix avec reconnaissance, mais il ne voulut pas abandonner sa ferme chérie.

LE CHATEAU DE SAINT-SELVES,

PRÈS CASTRES, DÉPARTEMENT DE LA GIRONDE.

Le château s'élève au milieu d'une grande plaine de brandes et d'ajoncs : on voit ses hautes tourelles à plus de 2 kilomètres. Les environs en seraient très arides, si les eaux d'un petit ruisseau ne venaient pas leur donner un peu de fraîcheur et de verdure.

On voyait encore, il y a peu d'années, de grands fossés et de grandes murailles autour de cette habitation ; mais des plantations d'arbres de différentes espèces sont venues les remplacer.

C'est là qu'habite M. André-Jean, l'inventeur de ces bonnes charrues en fer qui labourent sans être tenues ; il habitait d'abord les environs de la Rochelle. Avant son arrivée à Saint-Selves, on ne cultivait que les environs du château, le reste ne servait qu'au pâcage. Il a fallu tout faire à la fois, les bâtisses et les défrichemens. Ces grandes murailles, qui faisaient du château une vraie citadelle, ont été démolies : avec les pierres on a fait de vastes bergeries.

Quatre grandes avenues partent des quatre côtés du château et se prolongent à l'extrémité du domaine. Ces allés sont plantées de noyers et d'arbres verts.

DES DÉFRICHEMENS.

On a déjà défriché plus de 50 hectares de terre à Saint-Selves ; et l'on a fait usage de différentes méthodes qui, toutes, ont assez bien réussi. Quand les brandes sont épaisses et fortes, on emploie la pioche ;

quand on le peut, on fait usage d'une charrue de fer courte et renforcée. Il faut six bœufs ou six chevaux pour la tirer.

C'est ainsi que des messieurs de Paris ont défriché de grands terrains dans les environs de Parthenay. Les six chevaux dont ils se servaient, avaient tant de vigueur, qu'ils soulevaient des souches d'abres plus grosses que la cuisse.

Quand le terrain est retourné, on fait des brûlis dans les terres humides et fortes; mais, dans les terres légères, on laisse les gazons se décomposer naturellement. Les brûlis produisent de bons effets dans les sols froids et riches en terre végétale; mais, dans les terrains maigres et légers, ils détruisent le peu de bonne terre qui s'y trouve.

Bien des gens croient que l'agriculture peut être faite par des imbéciles; mais un bon cultivateur doit se rendre compte de tous ses travaux et de toutes ses dépenses. Il doit avoir l'habitude de raisonner, autrement il faudrait l'ateler avec ses bœufs.

DES BESTIAUX.

Quelle espèce de bétail doit-on avoir ? On se fait souvent cette question. Les uns veulent des jumens poulinières, les autres des vaches et des bœufs. Ceux-ci préfèrent des brebis, et ceux-là des cochons. M. André-Jean n'a pas raisonné de cette manière; il a dit: Que puis-je avoir à Saint-Selves? Je n'ai ni pré, ni foin, ni paille, ou du moins j'en ai bien peu; mais j'ai de vastes pâcages où l'on peut nourrir des brebis; ayons donc des brebis pour commencer à faire de l'engrais et quelques profits. Nous n'aurons de chevaux et de bœufs que pour nos travaux.

On voit à Saint-Selves trois troupeaux de bêtes à laine d'une race métis anglais et mérinos.

L'un des troupeaux est composé de brebis-mères; le second des agneaux, et le troisième des moutons. Les brandes nourissent assez bien les animaux auxquels on peut donner maintenant à l'étable du foin et de la paille. On sait que le fumier de brebis est le meilleur de tous; il a de la force et de la fraîcheur; il paie la nourriture des animaux: la laine et la vente des moutons donnent un profit de 8 à 10 francs par tête.

Avec des brebis, les bénéfices sont à peu près certains, et les grandes pertes sont rares. Ayez donc des brebis.

Si vous avez de bons pâcages et de bons fourrages, élevez aussi des mules ou des chevaux; mais si vos prés sont humides et si votre foin est aigre, ayez des vaches et des bœufs.

DES CHARRUES DE BOIS ET DES CHARRUES DE EER.

Qu'aimez-vous mieux, la piquette ou le bon vin? le pain de froment ou le pain d'orge? Votre réponse ne peut être douteuse. Eh! bien! il en est ainsi des charrues de bois et des charrues de fer.

Les charrues de fer entrent et coulent beaucoup mieux dans la terre: elles la retournent très bien et détruisent parfaitement les herbes.

Les charrues de bois ne tranchent pas la terre; elles y entrent de force, comme un coin dans un morceau de bois; elles ne font que leur passage et laissent toujours une partie du terrain qui n'est pas labourée. On nomme cela *rouget* dans le Poitou et dans la Saintonge.

Avec les charrues de fer il n'y a presque jamais de rouget: toute la terre est tranchée, divisée et retournée. Le soleil et la pluie peuvent la pénétrer facilement et lui donner l'humidité et la chaleur qui font tout pousser dans nos campagnes.

Sans bonnes charrues, pas de bons labours, et sans bons labours, pas de bonnes récoltes.

M. André-Jean, comme M. de Dombasles, a voulu perfectionner nos anciennes charrues, et, après bien des peines et bien des dépenses, il y est parvenu : sa charrue est excellente ; il n'y en a pas d'autres aussi perfectionnées. Elle est un peu chère, mais elle ne l'est pas trop pour le profit qu'elle donne.

On peut aussi avoir des charrues en fer à bon marché. On en fait dans le canton de Beauvoir, qui ne coûtent qu'une quarantaine de francs, et qui labourent parfaitement ; elles commencent à se répandre dans toute la contrée.

Achetez des charrues en fer, où tout au moins ayez des fers de charrues larges et tranchans.

MOYEN D'AMÉLIORER SA TERRE SANS FUMIER.

Il y a du terreau sur le bord des chemins, dans les terriers, dans le fond des fossés et dans bien des endroits qui ne sont pas cultivés : il faut piocher la terre pendant la mauvaise saison et la transporter dans les champs.

La charrue laboure toujours dans la même direction ; elle remue beaucoup la terre aux extrémités des sillons, et le milieu n'a presque rien ; enlevez cette terre, qui est inutile, et portez-là où il en manque. Faites de grandes allées au milieu des grandes pièces de terre et des petites au milieu, vous y trouverez de quoi bonifier votre terrain.

Ces travaux coûtent moins qu'on ne pense : on les fait, en quelque sorte, à temps perdu ; et le bien qu'on en retire est très grand.

Le père Joseph a des champs qui valaient bien peu de chose, il y a dix ans, et maintenant il ne les donnerait pas pour 3,000 francs l'hectare. Le terreau qu'il y a mis a fait ce changement.

Mais aussi un cultivateur ne doit pas craindre sa peine et sa dépense, il ne doit pas aller à toutes les foires, à tous les marchés, à toutes les ballades ; il ne doit pas chômer presque tous les saints de l'almanach et le lendemain des fêtes annuelles. Il peut là-dessus économiser une cinquantaine de journées, et pendant ce temps amender cinq ou six hectares de terre. En outre, il accoutumera sa famille au travail.

M. André-Jean fait beaucoup de transports de terre. Il a fait lever le gazon de ses longues avenues et l'a fait conduire dans les carrés qu'il a formés au moyen d'autres allées dont il a également enlevé la terre.

Si tous les propriétaires suivaient cet exemple, le pain ne vaudrait jamais plus de deux sous la livre.

CHARRUES A VAPEUR.

Si l'on pouvait labourer sans bœufs et sans chevaux, ce serait bien commode, et fort économique. On prétend qu'un mécanicien vient d'inventer une machine à vapeur qui laboure parfaitement ; elle est de la force de trois chevaux, et très facile à conduire. Elle marche, elle s'arrête et tourne comme on veut.

Avec des chevaux ou des bœufs, vous êtes forcé de leur parler à chaque instant ; il faut leur donner des coups de fouet ou d'aiguillon, et souvent ils vont mal, surtout s'ils sont jeunes. Quand vous êtes à la maison, il faut les panser, leur donner du foin, de l'avoine, de la paille. Pour les soigner, il faut se lever longtemps avant le jour.

Mais la charrue à vapeur n'exige ni soins ni grandes dépenses. Avec quinze ou vingt sous de charbon vous labourez tout un jour. Vous pouvez même, tout en labourant, faire votre cuisine au fourneau de la machine. S'il fait froid, vous vous chauffez les pieds et les mains.

Votre fourrage vous sert à bien nourrir vos jumens poulinières, vos élèves et vos brebis.

Malheureusement le père Joseph n'a pas vu cette charrue, il n'en parle que d'après les journaux, et les journalistes brodent souvent la vérité.

Ainsi, en attendant que les charrues à vapeur viennent dans notre pays, faisons comme M. André-Jean, servons-nous de bonnes charrues en fer.

CONSEILS AUX CULTIVATEURS.

Les habitans des environs de Saint-Selves viennent souvent demander des conseils à M. André-Jean. Ils voudraient qu'il leur donnât le moyen de faire de bonnes récoltes sans peines et sans dépenses. Notre cultivateur-modèle ne peut les satisfaire : pour faire de grands profits, leur dit-il, il faut faire d'assez grandes dépenses, et prendre beaucoup de peine. Le travail peut souvent remplacer les dépenses, mais rien ne peut suppléer le travail.

Cependant la manière de cultiver fait beaucoup pour réussir.

Tous les soins d'un cultivateur doivent avoir pour but d'augmenter la quantité des engrais. Pour y parvenir, il lui faut beaucoup de bétail, et, pour avoir du bétail, il lui faut du fourrage.

C'est donc du fourrage qu'on doit se procurer avant tout.

Si vous avez des prés naturels d'assez bonne qualité, couvrez-les de terreau ou de fumier. S'ils sont mauvais, levez-les, ils vous donneront du blé : après quelques années de culture, vous les remettrez en pré ; ils seront meilleurs.

Mettez la moitié de vos terres labourables en luzerne, sainfoin, rai-gras ou trèfle. Essayez ce qui pourra le mieux réussir, et pour y parvenir, semez dans un journal de terre toutes ces graines ensemble, et par égales portions. Faites votre semis au printemps dans la crainte des gelées.

Vous verrez ce qui prospèrera le mieux et vous choisirez ; mais il faut toujours des prés artificiels d'une manière ou d'une autre ; quand bien même ils ne viendraient pas d'abord très bien, la suite en sera toujours excellente.

Mettez un quart de vos terres en vesce, ou garobe, en trèfle incarnat, et mêlez à cela un tiers ou un quart de seigle, d'orge ou d'avoine, et vous aurez de bons coupages dès le mois d'avril. Semez en blé seulement le quart restant de vos terres. Vous aurez de quoi bien les fumer, et, si vous labourez bien, vous aurez beaucoup de blé. Mais ne laissez rien tout-à-fait en chôme ou jachère. Le pâcage d'un terrain où l'on n'a rien semé est presque nul. Dans un pré, c'est bien différent. Mettez donc toujours du trèfle dans vos blés. Faites ce que je vous dis, et vous ne manquerez ni de fourrage, ni de pacage, ni de blé ; mais pas de jachère sans trèfle, sans maïs, betteraves, pommes de terre, ou carottes.

LA SORCIÈRE DES LANDES.

On voit souvent venir à Saint-Selves une grande femme, d'une cinquantaine d'années ; elle est bien maigre et bien ridée ; elle a la tête couverte d'un mouchoir rouge : sa jupe est de même couleur, et sur ses épaules elle porte une pau de chèvre noire. Elle est montée sur de longues échasses qui ont plus de deux mètres de haut, et porte toujours à la main un bâton blanc, qui peut avoir dix pieds de long.

On la voit venir de bien loin, au-dessus des ageons; elle marche comme les ouragans de l'Algérie, qui dévastent tout sur leur passage. C'est dans les momens de bourasque quelle se montre ; elle paraît comme l'éclair, vous tend la main pour recevoir l'aumône, vous lance quelques mots en courant, et disparaît à l'instant.

La sorcière a pris le propriétaire de Saint-Selves en affection ; quand elle le rencontre dans ses courses, elle lui dit : Bonjour, mon fils, je suis contente de toi, tu fais travailler nos frères, le bon Dieu te bénira.

Elle dit partout : J'aime mon André-Jean ; il arrache ces vilaines landes, et couvre notre pays de beaux blés et de vertes prairies. Je le protège ; il prospèrera.

En effet, il prospère ; après les grandes dépenses, les grands travaux, sont venus les bonnes récoltes et les grands profits.

Cet exemple sera suivi, et les pays de landes, qui nourrissaient à peine quelques maigres troupeaux de chèvres et de brebis, se couvriront de champs bien cultivés, de belles prairies et d'animaux d'espèces choisies.

Honneur et prospérité à M. André-Jean, ainsi qu'aux citoyens instruits et laborieux qui font faire des progrès à l'agriculture !

OBSERVATIONS

SUR LA MANIÈRE DE FAIRE DES SEMIS

DE GLANDS.

L'Agriculture ayant pour but de faire produire à la terre toutes les plantes utiles à l'homme, il en résulte que les plantations de bois entrent aussi dans son domaine, bien qu'elles soient plus particulièrement l'objet de la science forestière. Il suffit que les semis de bois soient un moyen d'utiliser les terrains ingrats, et peu propres à produire des céréales pour que les cultivateurs doivent s'en occuper. Cependant il faut convenir que les plantations de ce genre ne devant produire du bois pour les constructions et même pour le chauffage qu'après un grand nombre d'années, elles ne peuvent guère être faites que par les propriétaires d'une grande étendue de terrain, qui peuvent en laisser une partie inculte sans trop nuire à leurs intérêts.

Néanmoins on a vu de petits propriétaires faire avec beaucoup de succès des semis sur des terrains de peu d'étendue, et parvenir à y faire croître du bois dans peu d'années; mais il faut dire qu'ils ne négligeaient point les travaux de culture, et que s'ils ne les avaient pas faits eux-mêmes, ils n'auraient tiré aucun avantage du terrain ainsi planté en bois. C'est ordinairement dans de vieilles vignes que ce mode de semis est employé.

*

Lorsqu'on a remarqné qu'une vigne ne produit plus une récolte suffisante pour indemniser des travaux qu'on y fait, et qu'une fois arrachée, le terrain ne sera pas convenable à la culture du blé, à raison de son arridité, on peut y semer des glands au mois de novembre, aussitôt qu'ils auront été récoltés. Il est convenable de les laisser tomber naturellement; parceque ceux que l'on abat de force peuvent ne point être parvenus à un degré de maturité suffisante, et le germe ne peut être assez bien développé, ce qui s'aperçoit facilement à l'époque de la germination. Les glands ainsi ramassés doivent être déposés dans un lieu ni trop humide ni trop sec, afin qu'ils puissent être conservés dans leur état naturel. Il faut même remarquer que la trop grande fraîcheur leur est plus nuisible que l'excessive sécheresse; de telle manière qu'il vaut mieux les déposer dans un grenier que dans une cave; parce que l'humidité d'un lieu souterrain, qui est ordinairement chaud ne manquerait de faire développer le germe des glands; et lorsqu'il serait utile de les transporter sur le lieu où ils devraient être semés, ce germe venant à se rompre, ce qui serait infaillible à raison de son peu de consistance, il ne pourrait se reproduire lorsque la semence serait livrée au terrain.

L'on a cependant remarqué que ce germe étant susceptible de prendre un très grand développement, peut encore se renouveler après que le gland a été semé; mais il est impossible que le jeune semis ait la même vigueur que si le gland avait été conservé dans un état convenable.

Pour parvenir à ce but il ne faut point négliger une précaution qui est indispensable; elle a pour objet d'obvier à un inconvénient assez fréquent. Lorsqu'on a déposé une grande quantité de boisseaux de glands dans un tas, il arrive le plus souvent qu'il en sort une vapeur forte et corrosive, qui les met dans un état de fermentation tel qu'ils sont bientôt corrompus et ne peuvent être bons à aucun usage. Pour empêcher que les glands ne s'échauffent ainsi, il faut les étendre dans le lieu où ils sont déposés de manière qu'ils ne soient pas à plus de cinq ou six pouces d'épaisseur, et avoir la précaution de les remuer le plus souvent possible ; mais ce qu'il y a de mieux à faire c'est de les semer aussitôt qu'ils sont récoltés : on ne peut les déposer dans la terre trop tôt ; car il semble que dans ce genre d'ensemencement surtout il faut se rapprocher le plus que l'on peut de la nature. Or, il est bien démontré qu'un gland ou tout autre graine qui vient à tomber de la plante, ou de l'arbre qui l'a produite se conserve très bien sur le terrain où elle n'est recouverte le plus souvent que par de l'herbe ou quelques feuilles. Là cette graine germe dès la fin de l'automne, la racine et la tige continuent à se développer pendant l'hiver, et c'est surtout la racine qui, pendant cette saison, continue à croître, de telle manière que lorsque le printemps est arrivé cette partie du jeune semis est à même de lui fournir en abondance les sucs nourriciers qui lui sont nécessaires.

De là, le grand avantage de faire les semis de glands aussitôt la récolte ; indépendamment de ce que l'on évite ainsi la fermentation de la semence qui a presque toujours lieu lorsquelle est mise dans un tas, on peut aussi être assuré d'avoir des semis vigoureux et bien venans.

Voilà ce qui est relatif à la récolte des glands, à sa conservation, et à l'époque convenable pour faire le semis. Il est utile de s'expliquer sur la meilleure méthode pour faire la plantation.

Il ne faut point se dissimuler que tous ceux qui ont écrit sur cette matière, ainsi que ceux qui ont fait faire des semis de glands n'ont point été d'accord sur le mode de plantation et de culture le plus convenable.

Les uns ont pensé que les jeunes semis devaient être sarclés deux ou trois fois chaque année ; d'autres au contraire ont soutenu que leurs racines étaient trop tendres et trop déliées, pour subir cette opération, qu'il était à craindre que les jeunes plans ne fûssent arrachés par ce sarclage ; que d'ailleurs leurs racines étant dégarnies ne fûssent trop exposées à la gelée ou à la trop grande chaleur. On sait en effet que les jeunes semis sont également endommagés et par un froid rigoureux et par une chaleur excessive. Les partisans de ce système ont donc soutenu que ce qu'il y avait de mieux à faire, était, après avoir semé les glands à la volée sur un terrain bien ameubli, d'y semer également de l'avoine. Ils ont dit, et avec raison, que l'avoine, loin de nuire aux jeunes plans en faciliterait la croissance, en la préservant du trop grand froid et de la trop grande chaleur. On doit penser aussi que le chaume de l'avoine venant à pourrir forme un engrais très convenable aux jeunes semis. Il faut avouer néanmoins que la méthode de semer les glands dans la vieille vigne, et pendant les dernières années qu'on la cultive est bien préférable ; mais ce ne sont pas seulement des terrains plantés en vigne qu'il convient de semer en bois, et alors on ne peut pas cultiver les jeunes semis comme on pourrait le faire lorsqu'on a l'espoir d'une récolte de vin qui peut dédommager des frais de culture; parce que le sarclage des semis pourrait être trop coûteux à raison de la valeur de la plantation.

Ainsi il semble que lorsqu'il s'agit de semer en bois un terrain autre qu'une vigne il convient de semer les glands avec de l'avoine au mois de novembre. C'est surtout dans des terrains légers et sablonneux que ce mode d'ensemencement convient parce que les racines des semis y sont plus exposées à l'intempérie des saisons ; et d'un autre côté ces sols étant presque toujours meubles n'ont presque pas besoin du sarclage. Il faut néanmoins y avoir recours après que les semis ont atteint quatre ou cinq ans, si l'on veut hâter leur croissance sans courrir les risques de les déraciner.

On peut aussi employer avec succès le mode d'ensemencement à la pioche ; il consiste à faire des trous d'un pied à dix-huit pouces en carré, à une distance de 3 ou 4 pieds selon la qualité du terrain ; en ayant soin de ne pas enlever toute la terre végétale, et de mettre les glands le moins profondément possible. Il faut surtout ne pas épargner la semence.

Relativement à la quantité de glands à employer, elle doit varier selon leur qualité et la bonté du terrain. On peut mettre depuis six boisseaux par journal jusqu'à dix, en supposant la semence de bonne qualité.

C'est au surplus au cultivateur intelligent à voir quelles sont les causes de destruction qu'il a à redouter pour se semis et à augmenter la semence à proportion des craintes qu'il peut avoir pour la conservation des glands.

C'est surtout le dégât causé par les mulots qui est le plus à redouter. Ces animaux se réunissent quelquefois en si grand nombre sur les terrains semés en glands qu'ils en dévorent toute la semence. Il est presque impossible d'éviter ce fléau qui dévaste ordinairement les campagnes pendant quelques années de suite, mais qui ne reparaît que rarement parce que les hivers rigoureux détruisent ordinairement ces animaux. Lorsqu'on remarque qu'ils sont en grand nombre sur le terrain que l'on veut ensemencer, il est inutile de faire le semis et l'on doit attendre leur disparition.

D'après ces réflexions auxquelles l'expérience peut beaucoup faire faire de modifications selon les terrains et surtout relativement à la culture des semis qui est toujours bonne lorsqu'elle est faite avec précaution. On peut réduire ce qu'il y a à faire pour parvenir à opérer un bon semis de bois à quatre points essentiels : une bonne semence ; un terrain convenablement préparé ; une quantité suffisante de glands ; et enfin le sarclage après la quatrième ou la cinquième année. On peut ajouter à cela qu'il convient de couper les jeunes semis seulement après la dixième ou douzième année ; en attendant jusqu'à cette époque la tige du semis ayant acquis une certaine grosseur, le rejet qu'elle produit pousse avec plus de vigueur et la plantation forme un bois dès la seconde coupe.

TABLE.

pag.

Avant-Propos et Lettre de Me Jacques Bujault. . . . 5.
Notice Biographique de l'Auteur . . . . 7.

LE PÈRE JOSEPH

OU LE SOLDAT LABOUREUR.

I. *La Maison Blanche.* . . . . 11.
II. *Histoire du Père Joseph.* . . . . 12.
III. *Première Visite à la Maison Blanche* . . . . 13.
IV. *Réunions d'hiver.* . . . . 15.
V. AGRICULTURE. — *Des différens Terrains et de leurs Amendemens* . . . . 17.
VI. *Du Labourage et de l'Ensemencement des terres.* . . . . 19.
VII. *Des Charrues et des autres Instrumens d'Agriculture* . . . . 21.
VIII. *Des Prés et du Bétail.* . . . . 23.
IX. *Conclusion.* . . . . 25.

LE PÈRE JOSEPH.

I. *Introduction* . . . . 27.
II. *De l'Agriculture en général.* . . . . 27.
III. *Des Agens de la Végétation.* . . . . 29.
IV. *Des différentes sortes de Terres, des Amendemens et des Engrais.* . . . . 31.
V. *Du Labourage et des Instrumens d'Agriculture.* . . . . 34.
VI. *Des Prés et du Bétail.* . . . . 36.

VIE DE Me JACQUES BUJAULT,

LAROUREUR.

pag.

Introduction . . . . 40.
Jeunesse de Me Jacques Bujault . . . . 40.
Me Jacques Bujault, imprimeur, avocat, député . . 41.
Me Jacques, cultivateur . . . . 42.
Me Jacques, faiseur d'Almanachs . . . . 44.
Me Jacques, ami des Enfans . . . . 45.
Testament de Me Jacques . . . . 46.
Conclusion . . . . 46.

SAINT-AUBIN EN GATINE.

Introduction . . . . 48.
Le Château . . . . 48.
La Fontaine . . . . 49.
La Prairie . . . . 50.
Le Brigand Bleu et le Brigand Blanc . . . . 51.
Agriculture du vieux Grenadier . . . . 52.
Conclusion . . . . 54.

UN CULTIVATEUR EN ALGÉRIE.

Introduction . . . . 56.
De l'Algérie et de ses Habitans . . . . 57.
Jean Pierre, le Beauceron . . . . 58.
Jean Pierre, prisonnier . . . . 59.
Un Oasis dans le Désert . . . . 60.
Agriculture Arabe. . . . . 61.
Ferme-Modèle dans la Mitidja . . . . 62.
Conclusion . . . . 64.

UNE FERME-MODÈLE EN TOURAINE.

pag

Les Bords de la Loire. . . . . 66.
La Ferme . . . . 66.
La Bergerie . . . . 67.
Gros Bétail. 69.
Les Granges . . . . 70.
Culture et Assolement . . . . 70.
Conclusion. 71.

LE CHATEAU DE SAINT-SELVES,

PRÈS CASTRES, DÉPARTEMENT DE LA GIRONDE.

Des Défrichemens. . . . . 73.
Des Bestiaux. . . . . 74.
Des Charrues de Bois et des Charrues de Fer . . . 75.
Moyen d'améliorer la Terre sans fumier. . . . . . 76.
Charrues à vapeur . . . . 77.
Conseils aux Cultivateurs . . . . 78.
La Sorcière des Landes. . . . . 79.

OBSERVATIONS

Sur la manière de faire des Semis de Glands. . . . 81.

www.ingramcontent.com/pod-product-compliance
Ingram Content Group UK Ltd.
Pitfield, Milton Keynes, MK11 3LW, UK
UKHW020935180726
13838UKWH00002B/956

9 782329 377773